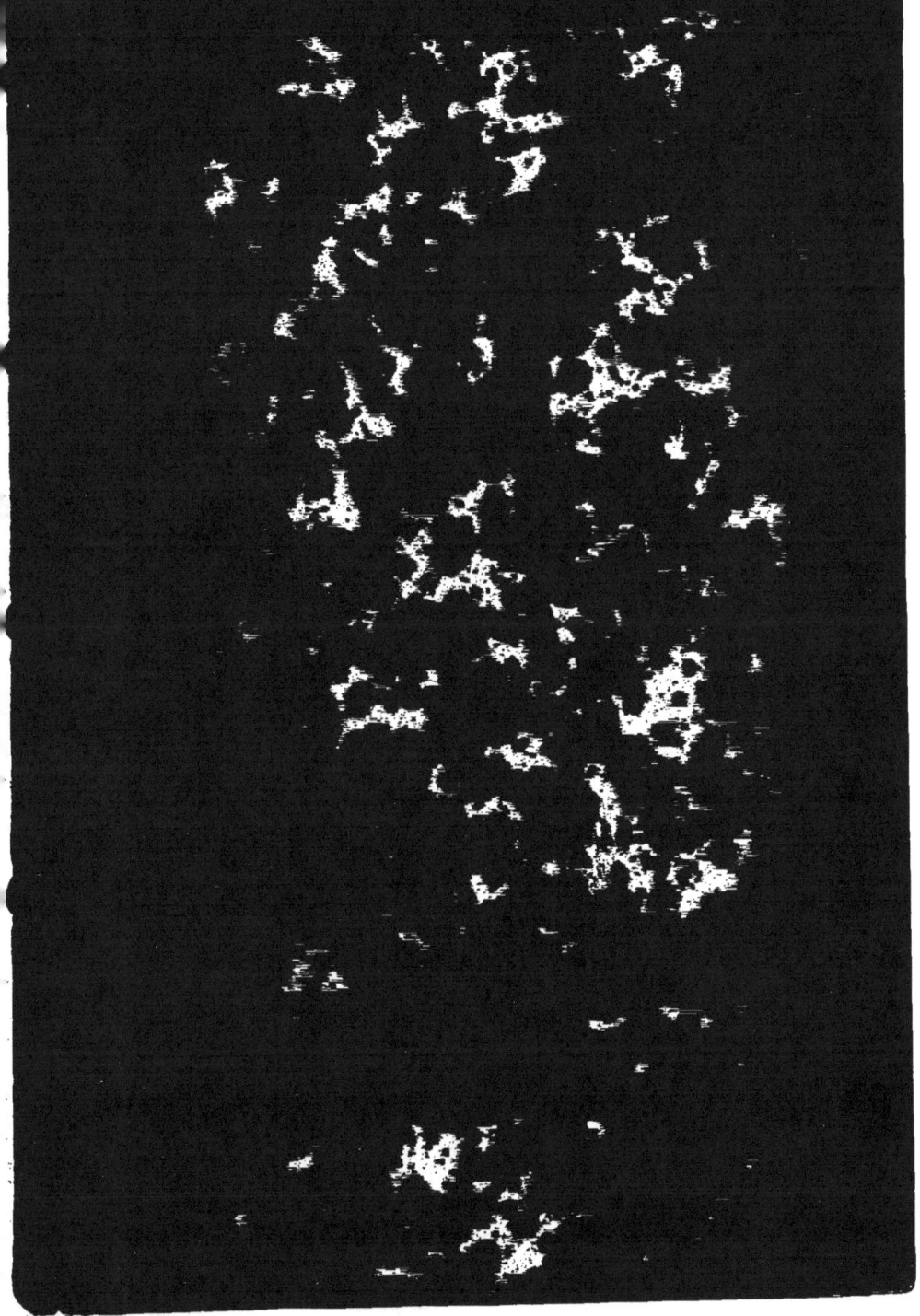

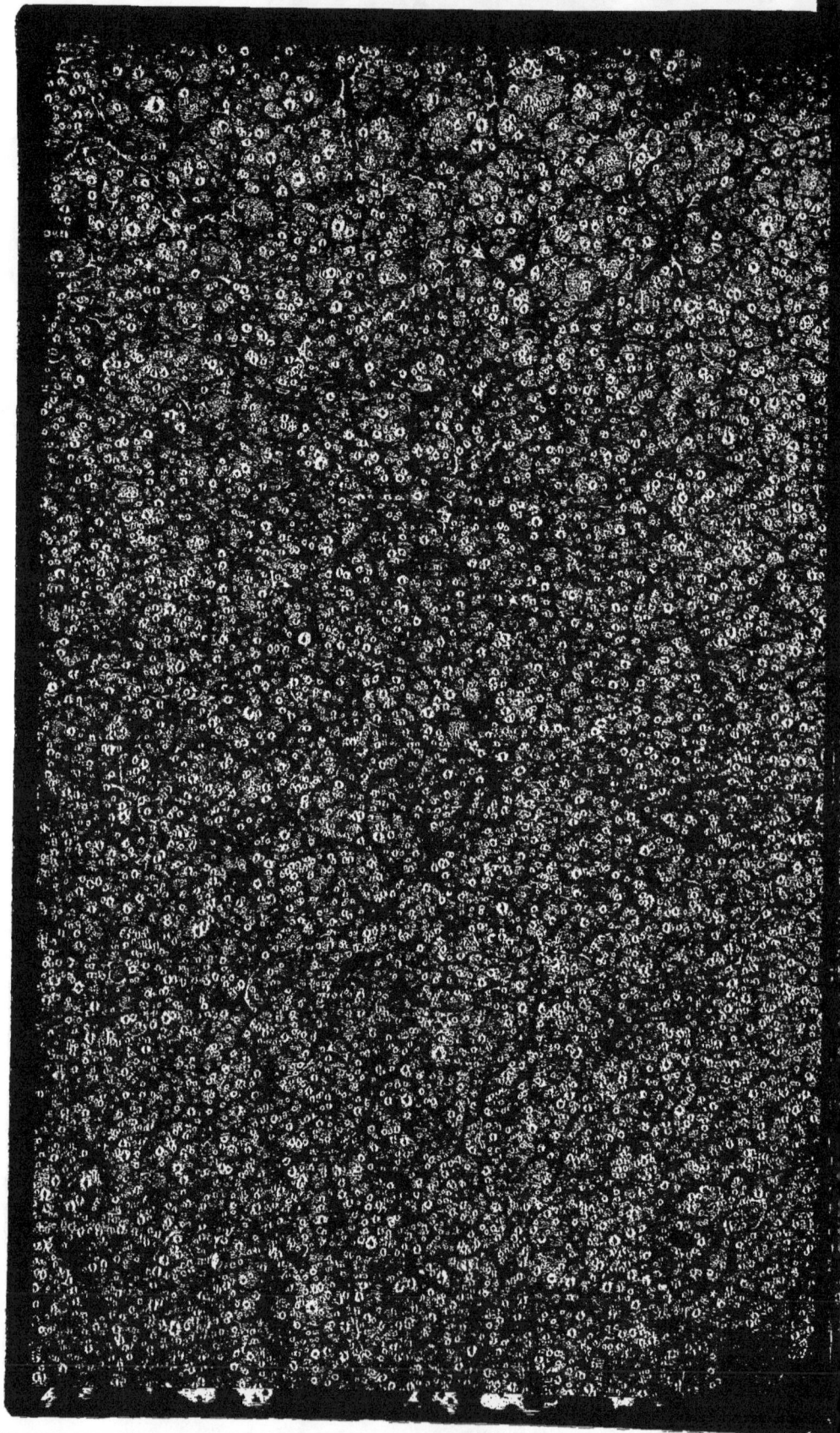

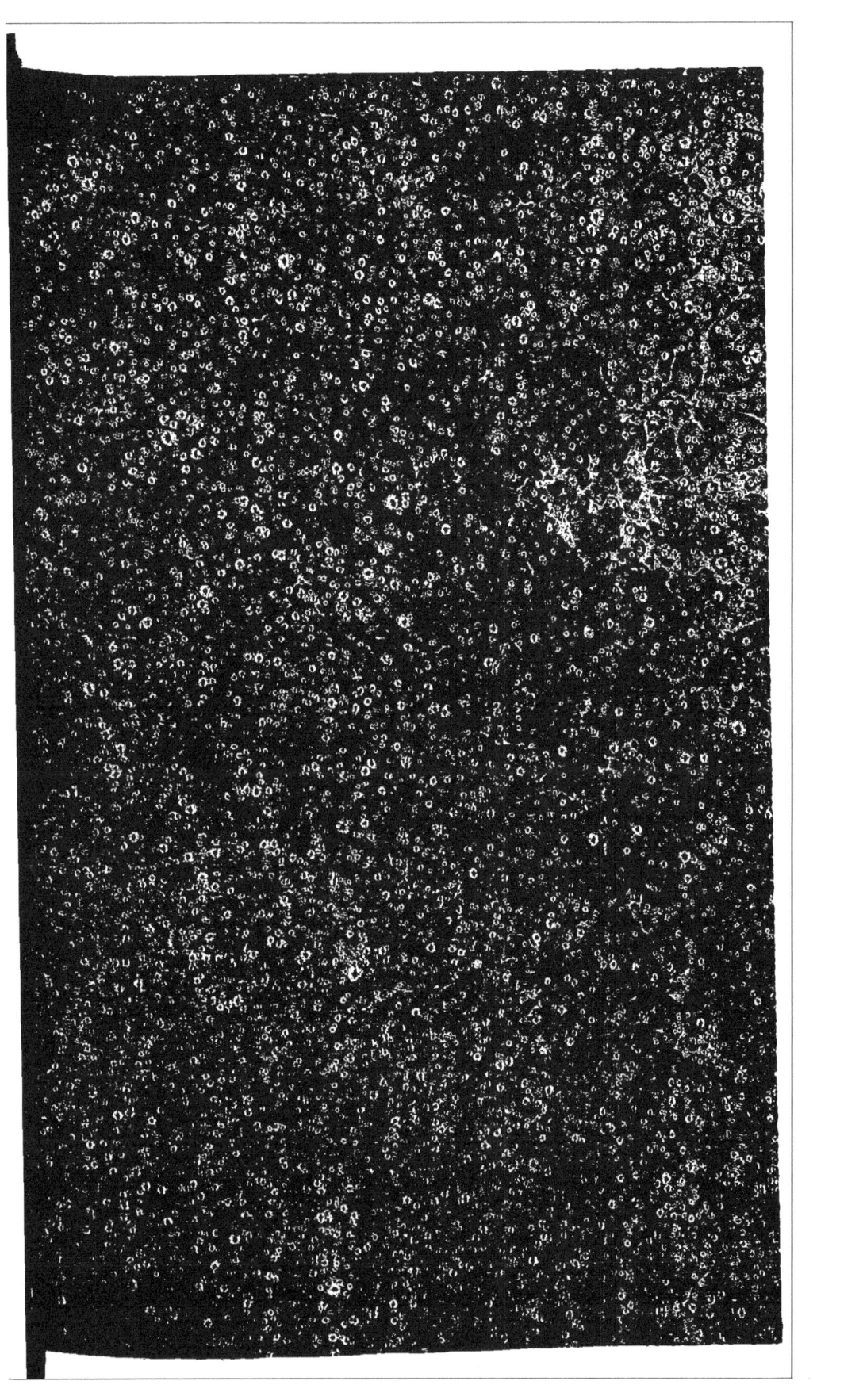

V. 2048
+ Tb. d.

©

18678

ARITHMÉTIQUE

DE

BEZOUT

TOUTES NOS ÉDITIONS SONT REVÊTUES DE NOTRE GRIFFE :

PARIS. — IMPRIMERIE BONAVENTURE ET DUCESSOIS, QUAI DES GRANDS-AUGUSTINS, 55.
(Près le Pont-Neuf.)

ÉLÉMENTS
D'ARITHMÉTIQUE

DE BÉZOUT

Réimprimés conformément à l'arrêté du Ministre de l'instruction publique

SUR LE TEXTE DE L'ÉDITION DE 1781,

la dernière publiée du vivant de l'auteur,

ET SANS AUTRE MODIFICATION QUE L'INTRODUCTION DU SYSTÈME MÉTRIQUE
ET L'APPLICATION
DU CALCUL DES NOMBRES COMPLEXES
AUX MONNAIES ET MESURES DES PAYS ÉTRANGERS,

PAR M. CAILLET

Professeur de Mathématiques.

PARIS,

DEZOBRY, E. MAGDELEINE ET Cᵉ, LIBRAIRES-ÉDITEURS,

RUE DES MAÇONS-SORBONNE, 1.

—

1848

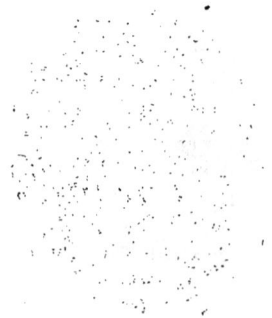

TABLE DES MATIÈRES.

a

FIN DE LA TABLE DES MATIÈRES.

AVERTISSEMENT.

———

Les nombres que l'on trouve entre deux parenthèses, dans plusieurs endroits de ce livre, sont destinés à indiquer à quel numéro on doit aller chercher la démonstration de la proposition sur laquelle on s'appuie dans ces endroits. A l'égard des numéros, ils sont au commencement des *alinéas*.

Ce que l'on trouvera en petits caractères renferme les objets que l'on peut passer à une première lecture.

ÉLÉMENTS
D'ARITHMÉTIQUE.

Notions préliminaires
sur la nature et les différentes espèces de nombres.

1. On appelle en général *quantité* tout ce qui est susceptible d'augmentation ou de diminution. L'étendue, la durée, le poids, etc., sont des quantités. Tout ce qui est quantité est de l'objet des mathématiques; mais l'arithmétique, qui fait partie de ces sciences, ne considère les quantités qu'en tant qu'elles sont exprimées en nombres.

2. L'arithmétique est donc la science des nombres : elle en considère la nature et les propriétés, et son but est de donner des moyens faciles, tant pour représenter les nombres, que pour les composer et décomposer, ce qu'on appelle *calculer*.

3. Pour se former une idée exacte des nombres, il faut d'abord savoir ce que l'on entend par *unité*.

4. L'unité est une quantité que l'on prend (le plus souvent arbitrairement) pour servir de terme de comparaison à toutes les quantités d'une même espèce : ainsi lorsqu'on dit un tel corps pèse *cinq kilogrammes*, le kilogramme est l'unité ; c'est la quantité à laquelle on compare le poids de ce corps ; on aurait pu également prendre l'hectogramme pour unité, et alors le poids de ce corps eût été marqué par cinquante.

5. Le nombre exprime de combien d'unités, ou de parties d'unité, une quantité est composée.

Si la quantité est composée d'unités entières, le nombre qui l'exprime s'appelle *nombre entier ;* et si elle est composée d'unités entières et de parties de l'unité, ou simplement de parties de l'unité, alors le nombre est dit *fractionnaire* ou *fraction ; trois et demi* font un nombre fractionnaire ; *trois quarts* font une fraction.

6. Un nombre qu'on énonce sans désigner l'espèce des unités, comme quand on dit simplement *trois* ou *trois fois, quatre* ou *quatre fois,* s'appelle un *nombre abstrait ;* et lorsqu'on énonce en même temps l'espèce des unités, comme quand on dit *quatre kilogrammes, cent tonneaux*, on l'appelle *nombre concret*.

Nous définirons les autres espèces de nombres à mesure qu'il en sera question.

De la Numération et des Décimales.

7. La numération est l'art d'exprimer tous les nombres par une quantité limitée de noms et de caractères. Ces caractères s'appellent *chiffres*.

Nous nous dispenserons de donner ici les noms des nombres; c'est une connaissance familière à tout le monde.

Quant à la manière de représenter les nombres par des chiffres, plusieurs raisons nous engagent à en exposer les principes.

8. Les caractères dont on fait usage dans la numération actuelle, et les noms des nombres qu'ils représentent, sont tels qu'on les voit ici :

0	1	2	3	4	5	6	7	8	9
zéro	un	deux	trois	quatre	cinq	six	sept	huit	neuf.

Pour exprimer tous les autres nombres avec ces caractères, on est convenu que de dix unités on en ferait une seule, à laquelle on donnerait le nom de *dizaine*, et que l'on compterait par dizaines comme on compte par unités, c'est-à-dire que l'on compterait deux dizaines, trois dizaines, etc., jusqu'à neuf; que, pour représenter ces nouvelles unités, on emploierait les mêmes chiffres que pour les unités simples, mais qu'on les en distinguerait par la place qu'on leur ferait occuper, en les mettant à la gauche des unités simples.

Ainsi pour représenter *cinquante-quatre*, qui renferment cinq dizaines et quatre unités, on est convenu d'écrire 54. Pour représenter *soixante*, qui contiennent un nombre exact de dizaines et point d'unités, on écrit 60, en mettant un zéro, qui marque qu'il n'y a point d'unités simples, et détermine le chiffre 6 à marquer un nombre de dizaines. On peut, par ce moyen, compter jusqu'à *quatre-ving-dix-neuf* inclusivement.

9. Remarquons, en passant, cette propriété de la numération actuelle; savoir, qu'un chiffre placé à la gauche d'un autre, ou suivi d'un zéro, représente un nombre dix fois plus grand que s'il était seul.

10. Depuis 99, on peut compter jusqu'à *neuf cent quatre-vingt-*

dix-neuf, par une convention semblable. De dix dizaines on composera une seule unité qu'on nommera *centaine*, parce que dix fois dix font cent ; on comptera ces centaines depuis un jusqu'à neuf, et on les représentera par les mêmes chiffres, mais en plaçant ces chiffres à la gauche des dizaines.

Ainsi, pour marquer *huit cent cinquante-neuf*, qui contiennent huit centaines, cinq dizaines, et neuf unités, on écrira 859. Si l'on avait *huit cent neuf*, qui contiennent huit centaines, point de dizaines, et neuf unités, on écrirait 809 ; c'est-à-dire que l'on mettrait un zéro pour tenir la place des dizaines qui manquent. Si les unités manquaient aussi, on mettrait deux zéros ; ainsi, pour marquer *huit cents*, on écrirait 800.

11. Remarquons encore, qu'en vertu de cette convention, un chiffre suivi de deux autres, ou de deux zéros, marque un nombre cent fois plus grand que s'il était seul.

12. Depuis *neuf cent quatre-vingt-dix-neuf*, on peut compter, par le même artifice, jusqu'à *neuf mille neuf cent quatre-vingt-dix-neuf*, en formant de dix centaines une unité qu'on appelle *mille*, parce que dix fois cent font mille, comptant ces unités comme ci-devant, et les représentant par les mêmes chiffres placés à la gauche des centaines.

Ainsi, pour marquer *sept mille huit cent cinquante-neuf*, on écrira 7859 ; pour marquer *sept mille neuf*, on écrira 7009 ; et pour *sept mille*, on écrira 7000 ; où l'on voit qu'un chiffre suivi de trois autres, ou de trois zéros, marque un nombre mille fois plus grand que s'il était seul.

13. En continuant ainsi de renfermer dix unités d'un certain ordre dans une seule unité, et de placer ces nouvelles unités dans des rangs de plus en plus avancés vers la gauche, on parvient à exprimer d'une manière uniforme, et avec dix caractères seulement, tous les nombres entiers imaginables.

14. Pour énoncer facilement un nombre exprimé par tant de chiffres qu'on voudra, on le partagera, par la pensée, en tranches de trois chiffres chacune, en allant de droite à gauche : on donnera à chaque tranche les noms suivants, en partant de la droite, *unités*, *mille*, *millions*, *billions*, *trillions*, *quatrillions*, *quintillions*, *sextillions*, etc. Le premier chiffre de chaque tranche (en partant toujours de la droite) aura le nom de la tranche, le second celui de dizaines, et le troisième celui de centaines.

Ainsi, en partant de la gauche, on énoncera chaque tranche comme si elle était seule, et l'on prononcera à la fin de chacune le

nom de cette même tranche : par exemple, pour énoncer le nombre
suivant :

quatrillions, trillions, billions, millions, mille, unités.
23,   456,   789,   234,   565, 456.

on dira vingt-trois *quatrillions*, quatre cent cinquante-six *trillions*,
sept cent quatre-vingt-neuf *billions*, deux cent trente-quatre *millions*, cinq cent soixante et cinq *mille*, quatre cent cinquante-six
unités.

15. De la numération que nous venons d'exposer, et qui est purement de convention, il résulte qu'à mesure qu'on avance de droite
à gauche, les unités dont chaque nombre est composé sont de dix
en dix fois plus grandes, et que par conséquent, pour rendre un
nombre dix fois, cent fois, mille fois plus grand, il suffit de mettre à
la suite du chiffre de ses unités un, deux, trois, etc., zéros; au contraire, à mesure, qu'on rétrograde de gauche à droite, les unités
sont de dix en dix fois plus petites.

16. Telle est la numération actuelle ; elle est la base de toutes
les autres manières de compter, quoique dans plusieurs arts on ne
s'assujettisse pas toujours à compter uniquement par dizaines, par
dizaines de dizaines, etc.

17. Pour évaluer les quantités plus petites que l'unité qu'on a
choisie, on partage celle-ci en d'autres unités plus petites. Le nombre en est indifférent en lui-même, pourvu qu'on puisse mesurer
les quantités qu'on a dessein de mesurer; mais ce qu'on doit avoir
principalement en vue dans ces sortes de divisions, c'est de rendre
les calculs le plus commodes qu'il sera possible ; c'est pour cette
raison, qu'au lieu de partager d'abord l'unité en un grand nombre
de parties, afin de pouvoir évaluer les plus petites, on ne la partage
d'abord qu'en un certain nombre de parties, et qu'on subdivise
celles-ci en d'autres, et ces nouvelles encore en d'autres plus petites. C'est ainsi que dans les monnaies on partage le franc en dix
parties qu'on appelle *décimes*, le décime en dix parties qu'on appelle *centimes*. De même, dans la mesure du temps, le jour se divise en 24 heures, l'heure en 60 minutes, et la minute en 60 secondes, en sorte que, dans le premier cas on compte par dizaines et
dans le second par deux douzaines, ensuite par cinq douzaines.

18. Un nombre qui est composé de parties rapportées ainsi à
différentes unités est ce qu'on appelle un nombre *complexe*, et, par
opposition, celui qui ne renferme qu'une seule espèce d'unités s'ap-

pelle *nombre incomplexe*. 8ʲ ou 8 jours sont un nombre incomplexe; 8ʲ 17ʰ 8 ′ ou 8 jours 17 heures 8 minutes sont un nombre
complexe.

19. Chaque art subdivise à sa manière l'unité principale qu'il
s'est choisie. Les subdivisions du mètre sont différentes de celles du
jour, de l'heure ; celles du jour, différentes de celles de la circonférence, et ainsi de suite : nous les ferons connaître lorsque nous
traiterons des nombres complexes.

20. Mais de toutes les divisions et subdivisions qu'on peut faire
de l'unité, celle qui se fait par décimales, c'est-à-dire en partageant
l'unité en parties de dix en dix fois plus petites, est incontestable-
ment la plus commode dans les calculs. Elle est fort en usage dans
la pratique des mathématiques ; la formation et le calcul des décimales sont absolument les mêmes que pour les nombres ordinaires
ou entiers : nous allons les faire connaître.

21. Pour évaluer en décimales les parties plus petites que l'unité,
on conçoit que cette unité, telle qu'elle soit, gramme, mètre, etc.,
est composée de 10 parties, comme on imagine la dizaine composée
de 10 unités simples. Ces nouvelles unités, par opposition aux dizaines, sont nommées *dixièmes ;* on les représente par les mêmes
chiffres que les unités simples ; et comme elles sont dix fois plus
petites que celles-ci, on les place à la droite du chiffre qui représente
les unités simples.

Mais pour prévenir l'équivoque et ne point donner lieu de prendre
ces dixièmes pour des unités simples, on est convenu en même
temps de fixer, une fois pour toutes, la place des unités, par une
marque particulière ; celle qui est le plus en usage est une virgule
que l'on met à la droite du chiffre qui représente les unités, ou, ce
qui est la même chose, entre les unités et les *dixièmes* ; ainsi, pour
marquer *vingt-quatre unités et trois dixièmes,* on écrira 24,3.

22. On peut de même regarder actuellement les *dixièmes* comme
des unités qui ont été formées de dix autres, chacune dix fois plus
petite que les *dixièmes,* et, par la même raison d'analogie, les placer
à la droite des *dixièmes.* Ces nouvelles unités, dix fois plus petites que
les *dixièmes,* seront cent fois plus petites que les unités principales, et
pour cette raison seront nommées *centièmes.* Ainsi, pour marquer
vingt-quatre unités, trois dixièmes et cinq centièmes, on écrira
24,35.

23. Concevons pareillement les *centièmes* comme formés de dix
parties ; ces parties seront mille fois plus petites que l'unité principale, et pour cette raison seront nommées *millièmes ;* et comme dix

fois plus petites que les *centièmes*, on les placera à la droite de celles-ci.

En continuant de subdiviser ainsi de dix en dix, on formera de nouvelles unités qu'on nommera successivement des *dix-millièmes, cent-millièmes, millionièmes, dix-millionièmes, cent-millionièmes, billionièmes*, etc., et qu'on placera dans des rangs de plus en plus reculés sur la droite de la virgule.

24. Les parties de l'unité, que nous venons de décrire sont ce que l'on appelle les *décimales*.

25. Quant à la manière de les énoncer, elle est la même que pour les autres nombres. Après avoir énoncé les chiffres qui sont à la gauche de la virgule, on énonce les décimales de la même manière; mais on ajoute, à la fin, le nom des unités décimales de la dernière espèce; ainsi, pour énoncer ce nombre 34,572, on dirait trente-quatre unités et cinq cent soixante et douze *millièmes*; si c'étaient des mètres, par exemple, on dirait trente-quatre mètres et cinq cent soixante et douze *millièmes* de mètre.

La raison en est facile à apercevoir, si l'on fait attention que dans le nombre 34,572 le chiffre 5 peut indifféremment être rendu ou par cinq *dixièmes*, ou par cinq cents *millièmes*, puisque le *dixième* (**22**) valant 10 *centièmes*, et le *centième* (**23**) valant 10 *millièmes*, le *dixième* contiendra dix fois dix *millièmes*, ou 100 *millièmes*; ainsi, les cinq dixièmes valent 500 *millièmes*. Par une raison semblable, le chiffre **7** pourra s'énoncer en disant soixante et dix *millièmes*, puisque (**23**) chaque *centième* vaut 10 *millièmes*.

26. A l'égard de l'espèce des unités du dernier chiffre, on la trouvera toujours facilement en comptant successivement de gauche à droite sur chaque chiffre, depuis la virgule, les noms suivants : *dixièmes, centièmes, millièmes, dix-millièmes*, etc.

27. Si l'on n'avait point d'unités entières, mais seulement des parties de l'unité, on mettrait un zéro pour tenir la place des unités; ainsi, pour marquer 125 *millièmes*, on écrirait 0,125. Si l'on voulait marquer 25 *millièmes*, on écrirait 0,025, en mettant un zéro entre la virgule et les autres chiffres, tant pour marquer qu'il n'y a point de *dixièmes* que pour donner aux parties suivantes leur véritable valeur. Par la même raison, pour marquer 6 *dix-millièmes*, on écrirait 0,0006.

28. Examinons maintenant les changements qu'on peut faire naître dans un nombre par le déplacement de la virgule.

Puisque la virgule détermine la place des unités, et que tous les autres chiffres ont des valeurs dépendantes de leurs distances à cette même virgule ; si l'on avance la virgule d'une, deux, trois, etc. places sur la gauche, on rend le nombre 10, 100, 1000, etc. fois plus petit ; et au contraire on le rend 10, 100, 1000, etc. fois plus grand, si l'on recule la virgule d'une, deux, trois, etc. places sur la droite.

En effet, si l'on a 4327,5264, et qu'en avançant la virgule d'une place sur la gauche on écrive 432,75264, il est visible que les mille du premier nombre sont des centaines dans le nouveau ; les centaines sont des dizaines ; les dizaines, des unités ; les unités, des dixièmes ; les dixièmes, des centièmes, et ainsi de suite. Donc chaque partie du premier nombre est devenue dix fois plus petite par ce déplacement. Si, au contraire, en reculant la virgule d'une place sur la droite, on eût écrit 43275,264, les mille du premier nombre se trouveraient changés en dizaines de mille, les centaines en mille, les dizaines en centaines, les unités en dizaines, les dixièmes en unités et ainsi de suite. Donc le nouveau nombre est 10 fois plus grand que le premier.

29. Un raisonnement semblable fait voir qu'en avançant la virgule sur la gauche de deux ou de trois places on rendrait le nombre 100 ou 1000 fois plus petit ; et au contraire, 100 ou 1000 fois plus grand, en reculant la virgule de deux ou de trois places sur la droite.

30. La dernière observation que nous ferons sur les décimales est qu'on n'en change point la valeur en mettant à la suite du dernier chiffre décimal tel nombre de zéros qu'on voudra. Ainsi 43,25 est la même chose que 43,250, ou que 43,2500 ou que 43,25000, etc.

Car chaque *centième* valant 10 *millièmes* ou 100 *dix-millièmes*, etc., les 25 *centièmes* vaudront 250 *millièmes* ou 2500 *dix-millièmes*, etc. ; en un mot, c'est la même chose que lorsqu'au lieu de dire 2 jours, on dit 48 heures, ou que lorsqu'au lieu de dire 5 kilogrammes, on dit 5000 grammes.

Du système Métrique.

30 *bis*. La numération des décimales a été appliquée aux divisions de l'unité principale dans le système légal des poids et mesures, ou *système métrique*.

Le système métrique est ainsi appelé, parce qu'il a pour unité fondamentale le *mètre*.

Les unités principales du système métrique sont :

Le *mètre*, unité de longueur.

Le *gramme*, — de poids.

Le *litre*,   unité de capacité.

Le *franc*,   —   monétaire.

L'*are*,   —   de mesure agraire.

Le *stère*,   —   de mesure pour les bois de chauffage.

Il y a encore le *mètre carré*, unité de mesure pour les surfaces, et le *mètre cube*, unité de mesure pour le volume des solides; nous les ferons connaître en géométrie.

Le *mètre* est la dix millionième partie du quart du méridien terrestre, c'est-à-dire de l'arc du méridien compris entre l'équateur et le pôle.

Le *mètre* se divise en 10 *décimètres*, le décimètre en 10 *centimètres*, et le centimètre en 10 *millimètres*.

Les subdivisions ou sous-multiples du mètre sont donc des dixièmes, des centièmes, des millièmes de l'unité principale. Nous voyons qu'on les indique au moyen des expressions *déci*, *centi*, *milli*, placées devant le nom de l'unité principale, *mètre*, et qui signifient respectivement :

> *Déci*, dixième.
>
> *Centi*, centième.
>
> *Milli*, millième.

Puisque ces subdivisions sont des parties décimales, on les écrit comme les décimales ; ainsi :

> 1 *décimètre*   s'écrit $0^m,1$
>
> 1 *centimètre*   — $0 ,01$
>
> 1 *millimètre*   — $0 ,001$

Ainsi, 4 *mètres* et 72 *millimètres* s'écriront $4^m,072$.

Les multiples de l'unité principale, c'est-à-dire les quantités 10 fois, 100 fois, 1000 fois, etc., plus grandes que le mètre, ont aussi des noms particuliers formés des expressions *déca*, *hecto*, *kilo*, *myria*, placées devant le nom de l'unité principale, et qui signifient respectivement :

> *Déca*, dix.
>
> *Hecto*, cent.
>
> *Kilo*, mille.
>
> *Myria*, dix mille.

Ainsi :

> *Décamètre* signifie   10 mètres.
>
> *Hectomètre* —   100
>
> *Kilomètre* —   1000
>
> *Myriamètre* —   10000

Le nombre 45132^m,786 représente donc 4 *myriamètres*, 5 *kilo-mètres*, 1 *hectomètre*, 3 *décamètres*, 2 *mètres*, 7 *décimètres*, 8 *cen-timètres* et 6 *millimètres* : on pourra l'énoncer de cette manière ; mais on dira plus simplement 45132 mètres et 786 millimètres, en énonçant d'abord toute la partie des entiers, puis celle des décimales.

Les mêmes expressions servent à désigner, comme nous allons le voir, les sous-multiples et les multiples des autres unités du système.

Le *gramme*, unité de poids, est ce que pèse dans le vide un centi-mètre cube[1] d'eau distillée, ramenée à son maximum de densité[2], ce qui a lieu à la température d'environ 4 degrés au-dessus de zéro du thermomètre centigrade.

Le gramme se divise en 10 *décigrammes*, le décigramme en 10 *centigrammes*, le centigramme en 10 *milligrammes*. Ses mul-tiples sont le *décagramme* (10 grammes), l'*hectogramme* (100 gr.), le *kilogramme* (1000 gr.), et le *myriagramme* (10000 gr.). Le ki-logramme est ordinairement pris pour unité de poids dans le commerce.

Le *litre*, unité de mesure de capacité pour les liquides et pour les grains, est ce que contient un vase ayant la forme d'un cube de 1 dé-cimètre de côté. Il se divise en 10 *décilitres*, le décilitre en 10 *cen-tilitres*. Ses multiples sont le *décalitre* (10 litres), l'*hectolitre* (100 litres), et le *kilolitre* (1000 litres).

Le *franc*, unité de monnaie, est une pièce pesant 5 grammes, et faite avec un alliage de 9 dixièmes d'argent et 1 dixième de cuivre. Le franc se divise en 10 *décimes*, et le décime en 10 *centimes* ; il n'a pas de multiples.

L'*are*, unité de mesure agraire, est un carré ayant dix mètres de côté. L'*are* se divise en 100 *centiares* ; son multiple est l'*hectare*, qui vaut 100 ares.

Le *stère*, unité de mesure pour le bois de chauffage, est un cube d'un mètre de côté. Il se divise en 10 *décistères*, et il a pour multiple unique le *décastère*, qui vaut 10 stères.

Des Opérations de l'Arithmétique.

31. Ajouter, soustraire, multiplier et diviser, sont les quatre

---

[1] Un cube est un solide à six faces carrées et égales : le dé à jouer est un cube.

[2] Le maximum de densité de l'eau est l'état d'un poids déterminé d'eau, lorsque ce poids d'eau occupe le plus petit espace possible : l'eau se dilate non-seulement à une température supérieure à 4 degrés au-dessus de zéro, mais aussi à une tempéra-rature inférieure.

opérations fondamentales de l'arithmétique. Toutes les questions qu'on peut proposer sur les nombres se réduisent à pratiquer quelques-unes de ces opérations ou toutes ces opérations. Il est donc important de se les rendre familières et d'en bien saisir l'esprit.

32. Le but de l'arithmétique est, comme nous l'avons déjà dit, de donner des moyens de calculer facilement les nombres. Ces moyens consistent à réduire le calcul des nombres les plus composés à celui de nombres plus simples, ou exprimés par le plus petit nombre de chiffres possible. C'est ce qu'il s'agit d'exposer actuellement.

De l'Addition des Nombres entiers et des Parties décimales.

33. Exprimer la valeur totale de plusieurs nombres par un seul est ce qu'on appelle *faire une addition*.

Quand les nombres qu'on se propose d'ajouter n'ont qu'un seul chiffre, on n'a pas besoin de règle ; mais lorsqu'ils ont plusieurs chiffres, on trouve leur valeur totale qu'on appelle *somme,* en observant la règle suivante.

Écrivez les uns sous les autres tous les nombres proposés, de manière que les chiffres des unités de chacun soient dans une même colonne verticale ; qu'il en soit de même des dizaines, de même des centaines, etc. ; soulignez le tout.

Ajoutez d'abord tous les nombres qui sont dans la colonne des unités ; si la somme ne passe pas 9, écrivez-la au-dessous ; si elle surpasse 9, elle renfermera des dizaines ; n'écrivez au-dessous que l'excédant du nombre des dizaines ; comptez ces dizaines pour autant d'unités et ajoutez-les avec les nombres de la colonne suivante ; observez à l'égard de la somme des nombres de cette seconde colonne la même règle qu'à l'égard de la première, et continuez ainsi de colonne en colonne jusqu'à la dernière, au-dessous de laquelle vous écrirez la somme telle que vous la trouverez. Éclaircissons cette règle par des exemples.

Exemple I.

Qu'il soit question d'ajouter 54925 avec 2023 ; j'écris ces deux nombres comme on le voit ici :

54925
2023
———
56948 somme.

Et après avoir souligné le tout, je commence par les unités, en disant 5 et 3 font 8, que j'écris sous cette même colonne.

Je passe à celle des dizaines, dans laquelle je dis 2 et 2 font 4, que j'écris au-dessous.

A la colonne des centaines, je dis 9 et 0 font 9, que j'écris sous cette même colonne.

Dans la colonne des mille, je dis 4 et 2 font 6, que j'écris sous cette colonne.

Enfin, dans la colonne des dizaines de mille, je dis 5 et rien font 5, que j'écris de même au-dessous.

Le nombre 56948, trouvé par cette opération, est la somme des deux nombres proposés, puisqu'il en renferme les unités, les dizaines, les centaines, les mille et les dizaines de mille, que nous avons rassemblées successivement.

Exemple II.

On demande la somme des quatre nombres suivants : 6903, 7854, 953, 7327 ; je les écris comme on les voit ici :

$$6903$$
$$7854$$
$$953$$
$$7327$$
$$\overline{}$$
$$23037 \text{ somme.}$$

Et en commençant comme ci-dessus par la droite, je dis 3 et 4 font 7, et 3 font 10, et 7 font 17 ; j'écris les 7 unités sous la première colonne, et je retiens la dizaine pour la joindre, comme unité, aux nombres de la colonne suivante, qui sont aussi des dizaines.

Passant à cette seconde colonne, je dis, 1 que je retiens et 0 font 1, et 5 font 6, et 5 font 11, et 2 font 13 ; j'écris 3 sous la colonne actuelle, et je retiens, pour la dizaine, une unité que j'ajoute à la colonne suivante, en disant 1 et 9 font 10, et 8 font 18, et 9 font 27, et 3 font 30 ; je pose 0 sous cette colonne, et je retiens, pour les trois dizaines, trois unités que j'ajoute à la colonne suivante, en disant pareillement, 3 et 6 font 9, et 7 valent 16, et 7 font 23 ; j'écris 3 sous cette colonne, et comme il n'y a plus d'autre colonne, j'avance d'une place les deux dizaines qui appartiendraient à la colonne suivante, s'il y en avait une. Le nombre 23037 est la somme des quatre nombres proposés.

34. S'il y a des parties décimales, comme elles se comptent, ainsi que les autres nombres, par dizaines, à mesure qu'on avance de droite à gauche, la règle pour les ajouter est absolument la même, en observant de mettre toujours les unités de même ordre dans une même colonne.

Ainsi, si on propose d'ajouter les trois nombres 72,957; 12,8; 124,03, j'écrirai

$$72,957$$
$$12,8$$
$$124,03$$

$$\overline{209,787}\ \text{somme.}$$

En suivant la règle ci-dessus, j'aurai 209,787 pour la somme.

De la Soustraction des Nombres entiers et des Parties décimales.

35. La soustraction est l'opération par laquelle on retranche un nombre d'un autre nombre. Le résultat de cette opération s'appelle *reste,* ou *excès,* ou *différence.*

Pour faire cette opération, on écrira le nombre qu'on veut retrancher, au-dessous de l'autre, de la même manière que dans l'addition; et ayant souligné le tout, on retranchera, en allant de droite à gauche, chaque nombre inférieur, de son correspondant supérieur; c'est-à-dire les unités des unités, les dizaines des dizaines, etc.; on écrira chaque reste au-dessous, dans le même ordre, et zéro lorsqu'il ne restera rien.

Lorsque le chiffre inférieur se trouvera plus grand que le chiffre supérieur correspondant, on ajoutera à celui-ci dix unités qu'on aura en empruntant, par la pensée, une unité sur son voisin à gauche, lequel doit, par cette raison, être regardé comme moindre d'une unité dans l'opération suivante.

Exemple I.

On propose de retrancher 5432 de 8954. J'écris ces deux nombres comme il suit :

$$8954$$
$$5432$$

$$\overline{3522}\ \text{reste.}$$

Et en commençant par le chiffre des unités, je dis 2 ôté de 4, il reste 2, que j'écris au-dessous ; puis, passant aux dizaines, je dis 3 ôté de 5, il reste 2 que j'écris sous les dizaines. A la troisième colonne, je dis 4 ôté de 9, il reste 5 que j'écris sous cette colonne. Enfin, à la quatrième, je dis 5 ôté de 8, il reste 3 que j'écris sous 5 ; et j'ai 3522 pour le reste de 5432 retranché de 8954.

Exemple II.

On veut ôter 7987 de 27646. On écrira

$$
\begin{array}{r}
27646 \\
7987 \\
\hline
19659 \text{ reste.}
\end{array}
$$

Comme on ne peut ôter 7 de 6 , on ajoutera à 6 dix unités qu'on empruntera en prenant une unité sur son voisin 4, et on dira 7 ôté de 16, il reste 9 qu'on écrira sous 7.

Passant aux dizaines, on ne dira plus 8 ôté de 4, mais 8 ôté de 3 seulement, parce que l'emprunt qu'on a fait a diminué 4 d'une unité : comme on ne peut ôter 8 de 3, on ajoutera de même à 3 dix unités qu'on empruntera, en prenant une unité sur le chiffre 6 de la gauche ; et on dira 8 ôté de 13, il reste 5 qu'on écrira sous 8. Passant à la troisième colonne, on dira de même 9 ôté de 5, ou plutôt 9 ôté de 15 (en empruntant comme ci-dessus) ; il reste 6 qu'on écrira sous 9.

A la quatrième colonne on dira, par la même raison, 7 ôté de 6, ou plutôt de 16, il reste 9 qu'on écrira sous 7 ; et comme il n'y a rien à retrancher dans la cinquième colonne, on écrira sous cette colonne, non pas 2, parce qu'on vient d'emprunter une unité sur ce 2, mais seulement 1 ; et on aura 19659 pour le reste.

36. Si le chiffre sur lequel on doit faire l'emprunt était un zéro, l'emprunt se ferait, non pas sur ce zéro, mais sur le premier chiffre significatif qui viendrait après ; or, quoique ce soit alors emprunter 100 ou 1000 ou 10000, selon qu'il y a un, deux ou trois zéros consécutifs, on n'en opérera pas moins comme ci-dessus ; c'est-à-dire qu'on ajoutera seulement 10 au chiffre pour lequel on emprunte, et comme ces dix sont censés pris sur les 100 ou 1000, etc., qu'on a empruntés, pour employer les 90 ou les 990, etc., qui restent, on comptera les zéros suivants pour

2

autant de neuf; c'est ce que l'exemple ci-après va éclaircir,

Exemple III.

99
Si de. 20064
on veut retrancher. 17489
─────
2575 reste,

On dira d'abord, 9 ôté de 4, ou plutôt de 14 (en empruntant sur le chiffre suivant), il reste 5. Puis pour ôter 8 de 5, comme cela ne se peut et qu'il n'est pas possible non plus d'emprunter sur le chiffre suivant qui est un zéro, on empruntera sur le 2 une unité, laquelle vaut mille à l'égard du chiffre sur lequel on opère. De ce mille on ne prendra que 10 unités qu'on ajoutera à 5, et on dira 8 ôté de 15, il reste 7.

Comme on n'a employé que 10 unités sur mille qu'on a empruntées, on emploiera les 990 restantes, pour en retrancher les nombres qui répondent au-dessous des zéros; ce qui revient au même que de compter chaque zéro comme s'il valait 9 : ainsi l'on dira 4 ôté de 9, reste 5; puis 7 ôté de 9, reste 2; et enfin 1 ôté de 1, il ne reste rien.

37. S'il y a des parties décimales dans les nombres sur lesquels on veut opérer, on suivra absolument la même règle; mais pour éviter tout embarras dans l'application de cette règle, il n'y aura qu'à rendre le nombre des chiffres décimaux le même dans chacun des deux nombres proposés, en mettant un nombre suffisant de zéros à la suite de celui qui a le moins de décimales; cette préparation ne change rien à la valeur de ce nombre (**30**).

Exemple IV.

De. 5403,25
on veut ôter. . . . . 385,6532.

Je mets deux zéros à la suite des décimales du nombre supérieur; après quoi, j'opère sur les deux nombres ainsi préparés, précisément selon l'énoncé de la règle donnée pour les nombres entiers,

5403,2500
385,6532
─────
5017,5968 reste,

et je trouve pour reste 5017,5968.

De la preuve de l'Addition et de la Soustraction.

38. Ce qu'on appelle preuve d'une opération arithmétique est une autre opération que l'on fait pour s'assurer de l'exactitude du résultat de la première.

La preuve de l'addition se fait en ajoutant de nouveau, par parties, mais en commençant par la gauche, les sommes qu'on a déjà ajoutées. On retranche la totalité de la première colonne, de la partie qui lui répond dans la somme inférieure, on écrit au-dessous le reste qu'on réduit par la pensée en dizaines, pour le joindre au chiffre suivant de cette même somme, et du total on retranche encore la totalité de la colonne supérieure; on continue ainsi jusqu'à la dernière colonne, dont la totalité étant retranchée ne doit laisser aucun reste.

Ainsi, ayant trouvé ci-dessus que les quatre nombres

$$6903$$
$$7854$$
$$953$$
$$7327$$

ont pour somme. 23037
$$3110$$

pour vérifier ce résultat, j'ajoute les mêmes nombres en commençant par la gauche; et je dis 6 et 7 font 13, et 7 font 20, lesquels ôtés de 23, il reste 3 ou 3 dizaines, qui, avec le chiffre suivant zéro, font 30. Je passe à la seconde colonne, et je dis 9 et 8 font 17, et 9 font 26, et 3 font 29 que j'ôte de 30; il reste 1 ou une dizaine, qui, jointe au chiffre suivant 3, fait 13. J'ajoute tous les nombres de la troisième colonne, en disant 5 et 5 font 10, et 2 font 12, qui, ôtés de 13, il reste 1 ou une dizaine, laquelle, jointe au chiffre suivant 7, fait 17; j'ajoute pareillement tous les nombres de la dernière colonne, en disant 3 et 4 font 7, et 3 font 10, et 7 font 17, qui ôtés de 17, il ne reste rien : d'où je conclus que la première opération est exacte.

On est fondé à conclure que la première opération a été bien faite, lorsqu'après cette preuve il ne reste rien, parce qu'ayant ôté successivement tous les mille, toutes les centaines, toutes les dizaines et toutes les unités dont on avait composé la somme, il faut qu'à la fin il ne reste rien.

39. La preuve de la soustraction se fait en ajoutant le reste trouvé par l'opération, avec le nombre retranché; si la première opération a été bien faite, on doit reproduire le nombre dont on a retranché : ainsi je vois que dans le troisième exemple que nous avons donné ci-dessus, l'opération a été bien faite, parce qu'en ajoutant 17489 (nombre retranché) avec le reste 2575, je reproduis 20064, nombre dont on a retranché.

$$
\begin{array}{r}
20064 \\
17489 \\
\hline
2575 \\
\hline
20064
\end{array}
$$

De la Multiplication.

40. Multiplier un nombre par un autre, c'est prendre le premier de ces deux nombres autant de fois qu'il y a d'unités dans l'autre. Multiplier 4 par 3, c'est prendre trois fois le nombre 4.

41. Le nombre qu'on doit multiplier s'appelle le *multiplicande ;* celui par lequel on doit multiplier s'appelle le *multiplicateur ;* et le résultat de l'opération s'appelle *produit.*

42. Le mot *produit* a communément une acception beaucoup plus étendue ; mais nous avertissons expressément que nous ne l'emploierons que pour désigner le résultat de la multiplication.

Le multiplicande et le multiplicateur se nomment aussi les *facteurs* du produit; ainsi 3 et 4 sont les facteurs de 12, parce que 3 fois 4 font 12.

43. Suivant l'idée que nous venons de donner de la multiplication, on voit qu'on pourrait faire cette opération en écrivant le multiplicande autant de fois qu'il y a d'unités dans le multiplicateur, et faisant ensuite l'addition; par exemple, pour multiplier 7 par 3, on pourrait écrire

$$
\begin{array}{r}
7 \\
7 \\
7 \\
\hline
21
\end{array}
$$

et la somme 21 résultante de cette addition serait le produit.

Mais lorsque le multiplicateur est tant soit peu considérable, l'opération devient fort longue : ce que nous appelons proprement multiplication est la méthode de parvenir à ce même résultat par une voie plus courte.

44. Tant qu'on ne considère les nombres que d'une manière abstraite, c'est-à-dire sans faire attention à la nature de leurs unités, il importe peu, lequel des deux nombres proposés pour la multiplication, on prenne pour multiplicande ou pour multiplicateur ; par exemple si on a 4 à multiplier par 3, il est indifférent de multiplier 4 par 3, ou 3 par 4, le produit sera toujours 12 : en effet 3 fois 4 ne sont autre chose que le triple de 1 fois 4, et 4 fois 3 sont le triple de 4 fois 1 ; or, il est évident que 1 fois 4 et 4 fois 1 sont la même chose ; et on peut appliquer le même raisonnement à tout autre nombre.

45. Mais lorsque, par l'énoncé de la question, le multiplicateur et le multiplicande sont des nombres concrets, il importe de distinguer le multiplicande du multiplicateur : cette attention est principalement nécessaire dans la multiplication des nombres complexes, dont nous parlerons par la suite.

Au reste, cela est toujours aisé à distinguer : la question qui conduit à la multiplication dont il s'agit fait toujours connaître quelle est la quantité qu'il s'agit de répéter plusieurs fois, c'est-à-dire le multiplicande ; et quelle est celle qui marque combien de fois on doit répéter le multiplicande, c'est-à-dire quel est le multiplicateur.

46. Comme le multiplicateur est destiné à marquer combien de fois on doit prendre le multiplicande, il est toujours un nombre abstrait : ainsi, quand on demande ce que doivent coûter 52 stères de bois, à raison de 16 francs le stère, on voit que le multiplicande est 16 francs, qu'il s'agit de répéter 52 fois ; soit que ce 52 marque des stères, ou toute autre chose.

47. Le produit qui est formé de l'addition répétée du multiplicande aura donc des unités de même nature que le multiplicande[1].

Après cette petite digression sur la nature des unités du produit et de ses facteurs, revenons à la méthode pour trouver ce produit.

48. Les règles de la multiplication des nombres les plus composés se réduisent à multiplier un nombre d'un seul chiffre par un nombre d'un seul chiffre. Il faut donc s'exercer à trouver soi-même le produit des nombres exprimés par un seul chiffre, en ajoutant successivement un même nombre à lui-même. On peut aussi, si on

[1] Nous n'en exceptons pas même la multiplication géométrique, dont nous ne parlerons qu'en Géométrie, comme cela nous paraît assez naturel. Les unités du multiplicateur n'y sont jamais que des unités abstraites, comme dans toute autre multiplication.

le veut, faire usage de la table suivante, qu'on attribue à Pythagore:

1	2	3	4	5	6	7	8	9
2	4	6	8	10	12	14	16	18
3	6	9	12	15	18	21	24	27
4	8	12	16	20	24	28	32	36
5	10	15	20	25	30	35	40	45
6	12	18	24	30	36	42	48	54
7	14	21	28	35	42	49	56	63
8	16	24	32	40	48	56	64	72
9	18	27	36	45	54	63	72	81

La première bande de cette table se forme en ajoutant 1 à lui-même successivement.

La seconde, en ajoutant 2 de même.

La troisième, en ajoutant 3, et ainsi de suite.

49. Pour trouver, par le moyen de cette table, le produit de deux nombres exprimés par un seul chiffre chacun, on cherchera l'un de ces deux nombres, le multiplicande par exemple, dans la bande supérieure, et, en partant de ce nombre, on descendra verticalement jusqu'à ce qu'on soit vis-à-vis du multiplicateur qu'on trouvera dans la première colonne. Le nombre sur lequel on se sera arrêté sera le produit; ainsi pour trouver, par exemple, le produit de 9 par 6, ou combien font 6 fois 9, je descends depuis 9, pris dans la première bande, jusque vis-à-vis de 6, pris dans la première colonne; le nombre sur lequel je m'arrête est 54; par conséquent 6 fois 9 font 54.

En voilà autant qu'il en faut pour passer à la multiplication des nombres exprimés par plusieurs chiffres.

De la Multiplication
par un nombre d'un seul chiffre.

50. Écrivez le multiplicateur, qu'on suppose ici d'un seul chiffre, sous le multiplicande ; peu importe sous quel chiffre ; mais, pour fixer les idées, supposons que ce soit sous le chiffre des unités.

Multipliez d'abord le nombre des unités par votre multiplicateur, et, si le produit ne contient que des unités, écrivez ce produit au-dessous ; s'il contient des unités et des dizaines, écrivez seulement les unités, et, comptant les dizaines pour autant d'unités, retenez celles-ci.

Multipliez de même le nombre des dizaines du multiplicande, et au produit ajoutez les unités que vous avez retenues ; écrivez le tout au-dessous, s'il peut être marqué par un seul chiffre, sinon n'écrivez que les unités de ce produit et retenez-en les dizaines, qui sont des centaines, pour les ajouter au produit suivant, qui sera pareillement des centaines.

Continuez de multiplier successivement, suivant la même règle, tous les chiffres du multiplicande ; la suite des chiffres que vous aurez écrits marquera le produit.

Exemple.

On demande combien coûtent 2864 mètres à 6 francs le mètre.

La question se réduit à prendre 6 francs 2864 fois, ou, ce qui revient au même (44), à prendre 2864 francs 6 fois.

J'écris donc. . . . . 2864 multiplicande.
6 multiplicateur.

17184 produit.

Et je dis, en commençant par les unités : 1° 6 fois 4 font 24 ; j'écris 4 et je retiens 2 unités pour les 2 dizaines.

2° 6 fois 6 font 36, et 2 que j'ai retenues font 38 ; je pose 8 et je retiens 3.

3° 6 fois 8 font 48, et 3 que j'ai retenues font 51 ; je pose 1 et je retiens 5.

4° 6 fois 2 font 12, et 5 que j'ai retenues font 17, que j'écris en entier, parce qu'il n'y a plus rien à multiplier. Le nombre 17184 est le produit demandé, ou le nombre de francs que valent les 2864 mètres, puisqu'il renferme 6 fois les 4 unités, 6 fois les 6 dizaines,

6 fois les 8 centaines, et 6 fois les 2 mille, et par conséquent 6 fois le nombre 2864.

De la Multiplication
par un nombre de plusieurs chiffres.

51. Lorsque le multiplicateur a plusieurs chiffres, il faut faire successivement avec chacun de ces chiffres ce que l'on vient de prescrire lorsqu'il n'y en a qu'un, mais en commençant toujours par la droite; ainsi on multipliera d'abord tous les chiffres du multiplicande par le chiffre des unités du multiplicateur; puis par celui des dizaines, et l'on écrira ce second produit sous le premier; mais, comme il doit être un nombre de dizaines, puisque c'est par les dizaines qu'on multiplie, on portera le premier chiffre de ce produit sous les dizaines, et les autres chiffres toujours en avançant sur la gauche.

Le troisième produit, qui se fera en multipliant par les centaines, se placera de même sous le second, mais en avançant encore d'une place : on suivra la même loi pour les autres.

Toutes ces multiplications étant faites, on ajoutera les produits particuliers qu'elles ont donnés, et la somme sera le produit total.

Exemple.

On propose de multiplier. . 65487
par. . . . . 6958.

                523896
                327435
                589383
                392922

                455658546 produit

Je multiplie d'abord 65487 par le nombre 8 des unités du multiplicateur, et j'écris successivement sous la barre les chiffres du produit 523896 que je trouve en suivant la règle donnée pour le premier cas (**50**).

Je multiplie de même le nombre 65487 par le second chiffre 5 du multiplicateur, et j'écris le produit 327435 sous le premier produit, mais en plaçant le premier chiffre 5 sous les dizaines de ce premier produit.

Multipliant pareillement 65487 par le troisième chiffre 9, j'écris le produit 589383 sous le précédent, mais en plaçant le premier chiffre 3 au rang des centaines, parce que le nombre par lequel je multiplie est un nombre de centaines.

Enfin je multiplie 65487 par le dernier chiffre 6 du multiplicateur, et j'écris le produit 392922 sous le précédent, en avançant encore d'une place, afin que son premier chiffre occupe la place des mille, parce que le chiffre par lequel on multiplie marque des mille ; enfin j'ajoute tous ces produits et j'ai 455658546 pour le produit de 65487 multiplié par 6958, c'est-à-dire pour la valeur de 65487 pris 6958 fois. En effet, on a pris 65487, 8 fois par la première opération, 50 fois par la seconde, 900 fois par la troisième, et 6000 fois par la quatrième.

52. Si le multiplicande ou le multiplicateur, ou tous les deux étaient terminés par des zéros, on abrégerait l'opération en multipliant comme si ces zéros n'y étaient point ; mais on les mettrait ensuite tous à la suite du produit.

Exemple.

On propose de multiplier. . 6500
par. 350
                            ─────
                             325
                             195
                            ─────
                          2275000

Je multiplie seulement 65 par 35, et je trouve 2275, à côté duquel j'écris les trois zéros qui se trouvent, en tout, à la suite du multiplicande et du multiplicateur.

En effet, le multiplicande 6500 représente 65 centaines ; ainsi, quand on multiplie 65, on doit sous-entendre que le produit est des centaines. Pareillement, le multiplicateur 350 marque 35 dizaines ; ainsi, quand on multiplie par 35, on doit sous-entendre que le produit sera des dizaines ; il sera donc des dizaines de centaines, c'est-à-dire des mille ; il doit donc avoir trois zéros ; on appliquera un raisonnement semblable à tous les autres cas.

53. Lorsqu'il se trouve des zéros entre les chiffres du multiplicateur, comme la multiplication par ces zéros ne donnerait que des zéros, on se dispensera d'écrire ceux-ci dans le produit ; et, passant tout de suite à la multiplication par le premier chiffre significatif qui vient après ces zéros, on en avancera le produit sur la gauche d'autant de places plus une qu'il y a de zéros qui se suivent dans le multiplicateur, c'est-à-dire de deux places s'il y a un zéro, de trois s'il y en a deux.

Exemple.

Si l'on a. 42052
à multiplier par. 3006
_____

252312
126156
_____

126408312

Après avoir multiplié par 6, et écrit le produit 252312, on multipliera tout de suite par 3; mais on écrira le produit 126156 de manière qu'il marque des mille; il faudra donc le reculer de trois places, c'est-à-dire d'une place de plus qu'il n'y a de zéros interposés aux chiffres du multiplicateur.

De la Multiplication des Parties Décimales.

54. Pour multiplier les parties décimales, on observera la même règle que pour les nombres entiers, sans faire aucune attention à la virgule; mais, après avoir trouvé le produit, on en séparera sur la droite, par une virgule, autant de chiffres qu'il y a de décimales, tant dans le multiplicande que dans le multiplicateur.

Exemple I.

On propose de multiplier. . 54,23
par. 8,3
_____

16269
43384
_____

450,109

Je multiplierai 5423 par 83, le produit fera 450109; et comme il y a deux décimales dans le multiplicande, et une dans le multiplicateur, je séparerai trois chiffres sur la droite de ce produit, qui par là deviendra 450,109, tel qu'il doit être.

La raison de cette règle est facile à saisir en observant que si le multiplicateur était 83, le produit n'aurait en décimales que des *centièmes*, puisqu'on aurait répété 83 fois le multiplicande 54,23 dont les décimales sont des centièmes; mais comme le multiplicateur est 8,3, c'est-à-dire (**21**) dix fois plus petit que 83, le produit doit donc avoir des unités dix fois plus petites que les centièmes ; le dernier chiffre de ses décimales doit donc (**23**) être des *millièmes ;* il doit donc y avoir trois chiffres décimaux dans ce produit, c'est-à-dire autant qu'il y en a, tant dans le multiplicande que dans le multiplicateur.

On peut appliquer un raisonnement semblable à tout autre cas.

Exemple II.

Si on avait. 0,12
à multiplier par. 0,3
—————
0,036

On multiplierait 12 par 3, ce qui donnerait 36 ; comme la règle prescrit de séparer trois chiffres, on pourrait être embarrassé à y satisfaire, puisque ce produit 36 n'en a que deux ; mais si on reprend le raisonnement que nous avons appliqué à l'exemple précédent, on verra facilement qu'il faut, comme on le voit ici, interposer un zéro entre 36 et la virgule. En effet, si l'on avait 0,12 à multiplier par 3, il est évident qu'on aurait 0,36 ; mais, comme on n'a à multiplier que par 0,3, c'est-à-dire par un nombre dix fois plus petit que 3, on doit avoir un produit dix fois plus petit que 0,36, c'est-à-dire des millièmes, et c'est ce qui a lieu (**28**) lorsqu'on écrit 0,036.

55 Comme on n'emploie ordinairement les décimales que dans la vue de faciliter les calculs, en substituant à un calcul rigoureux une approximation suffisante, mais prompte, il n'est pas inutile d'exposer ici un moyen d'abréger l'opération lorsqu'on n'a besoin d'avoir le produit que jusqu'à un degré d'exactitude proposé.

Supposons, par exemple, qu'ayant à multiplier 45,625957 par 28,635, je n'aie besoin d'avoir le produit qu'à moins d'un millième près. J'écris ces deux nombres comme on le voit ci-dessous, c'est-à-dire, qu'après avoir renversé l'ordre des chiffres de l'un des deux, je l'écris sous l'autre, en faisant répondre le chiffre de ses unités sous la décimale immédiatement inférieure de deux degrés à celui auquel je veux borner mon produit. Je fais ensuite la multiplication, en négligeant dans le multiplicande tous les chiffres qui se trouvent à la droite de celui par lequel je multiplie ; et, à mesure que je change de chiffre dans le multiplicateur, je porte toujours le premier chiffre du nouveau produit sous le premier chiffre du premier. L'addition de tous ces produits étant faite, je supprime les deux derniers chiffres, en observant cependant d'augmenter le dernier de ceux qui restent d'une unité, si les deux que je supprime passent 50 ; après quoi je place la virgule au rang fixé par l'espèce de décimales que je me proposais d'avoir.

Exemple.

Je veux multiplier. 45,625957
par. 28,635

mais je n'ai besoin d'avoir le produit qu'à un millième d'unité près.

J'écris ainsi ces deux nombres :

$$45,625957$$
$$53682$$

$$91251914$$
$$36500760$$
$$2737554$$
$$136875$$
$$22810$$

$$130649913$$

produit. 1306,499

Et si l'on avait fait la multiplication à l'ordinaire, on aurait eu le produit 1306,499278695 qui s'accorde avec le précédent jusqu'à la troisième décimale, ainsi qu'on le demande.

S'il n'y avait pas assez de chiffres décimaux dans le multiplicande pour faire correspondre le chiffre des unités du multiplicateur au chiffre auquel la règle prescrit de le faire correspondre, on y suppléerait en mettant des zéros.

Exemple.

On doit multiplier. 54,236
par. 532,27

et l'on veut avoir le produit à un centième d'unité près ; j'écris

$$54,236000$$
$$72235$$

$$271180000$$
$$16270800$$
$$1084720$$
$$108472$$
$$37961$$

$$288681953$$

produit. 28868,20

en ajoutant une unité au dernier chiffre, parce que les deux que l'on supprime passent 50.

Pour troisième exemple, supposons qu'on ait à multiplier

$$0,227538917$$
par. 0,5664178

et l'on ne veut avoir que 7 décimales au produit ; on écrira

$$0,227538917$$
$$87146650$$

. . . .

$$113769455$$
$$13652334$$
$$1365228$$
$$91012$$
$$2275$$
$$1589$$
$$176$$

$$128882069$$

produit. 0,1288821

Sur quelques usages de la Multiplication.

56. Nous ne nous proposons pas de faire connaître tous les usages qu'on peut faire de la multiplication. Nous en indiquerons seulement quelques-uns qui mettront sur la voie pour les autres.

La multiplication sert à trouver, en général, la valeur totale de plusieurs unités lorsqu'on connaît la valeur de chacune. Par exemple : 1° Combien doivent coûter 5842 mètres à raison de 54 fr. le mètre ? Il faut multiplier 54 fr. par 5842, ou (**44**) 5842 fr. par 54 ; on aura 315468 fr. pour le prix total demandé. 2° Combien 5954 mètres cubes[1] d'une substance pèsent-ils, en supposant que le mètre cube de cette substance pèse 72 kilog.? Il faut multiplier 72 kilog. par 5954, ou 5954 kilog. par 72 ; on aura 428688 kilog. pour le poids des 5954 mètres cubes.

57. On emploie la multiplication pour convertir des unités d'une certaine espèce en unités d'une espèce plus petite. Par exemple, pour réduire les livres sterling d'Angleterre en shillings ou sous-sterling, et ceux-ci en pences ou deniers ; les jours en heures, celles-ci en minutes, ces dernières en secondes ; on a souvent besoin de ces sortes de conversions. Nous en donnerons quelques exemples.

Si on demande de convertir 8 livres sterling, 17 shillings, 7 pences en pences, comme la livre sterling vaut 20 shillings[2], on multipliera les 8 livres par 20 (**52**), ce qui donnera 160 shillings, auxquels joignant les 17 shillings, on aura 177 shillings qu'on multipliera par 12, parce que chaque shilling vaut 12 pences, et on aura 2124 pences, lesquels, joints aux 7 pences, donnent 2131 pences pour la valeur de $8^\pounds$ 17ˢ 7ᵖ convertis en pences.

Si l'on demande combien une année commune, ou 365 jours, 5 heures, 48 minutes, ou 365ʲ 5ʰ 48ᵐ valent de minutes ; comme le jour est de 24 heures, on multipliera 24 heures par 365, et au produit 8760 heures, on ajoutera 5 heures ; on multipliera le total 8765 par 60 (**52**), parce que l'heure contient 60 minutes, et on aura 525900 minutes, auxquelles ajoutant 48 minutes, on aura 525948 pour le nombre de minutes contenues dans une année commune.

Cette conversion des parties du temps est utile dans quelques opérations du *pilotage*.

[1] Le mètre cube est une mesure d'un mètre de long sur un mètre de large et sur un mètre de haut, avec laquelle on évalue la capacité des corps, ainsi qu'on le verra en Géométrie.

[2] Voir le tableau des monnaies à la fin du volume.

58. L'abréviation dont nous avons parlé (**52**) peut être employée pour réduire promptement en kilogrammes un certain nombre de *tonneaux;* comme le tonneau de poids pèse 1000 kilog., si l'on a, par exemple, 854 tonneaux, il n'y a qu'à mettre les trois zéros à la suite du nombre 854, on aura 854000 pour le nombre de kilogrammes que pèsent 854 tonneaux.

Avant de terminer ce qui regarde la multiplication, faisons observer aux commençants que ces expressions *doubler, tripler, quadrupler*, etc., signifient la même chose que multiplier par 2, par 3, par 4, etc.

De la Division des Nombres entiers, et des Parties Décimales.

59. Diviser un nombre par un autre, c'est, en général, chercher combien de fois le premier de ces deux nombres contient le second.

Le nombre qu'on doit diviser s'appelle *dividende;* celui par lequel on doit diviser, *diviseur;* et celui qui marque combien de fois le dividende contient le diviseur s'appelle le *quotient*.

On n'a pas toujours pour but, dans la division, de savoir combien de fois un nombre en contient un autre; mais on fait l'opération dans tous les cas comme si elle tendait à ce but; c'est pourquoi on peut dans tous les cas la considérer comme l'opération par laquelle on trouve combien de fois le dividende contient le diviseur.

Il suit de là que si on multiplie le diviseur par le quotient, on doit reproduire le dividende, puisque c'est prendre ce diviseur autant de fois qu'il est dans le dividende: cela est général, soit que le quotient soit un nombre entier, soit qu'il soit un nombre fractionnaire.

Quant à l'espèce des unités du quotient, ce n'est ni par l'espèce de celles du dividende, ni par l'espèce de celles du diviseur, ni par l'une et l'autre qu'il faut en juger; car le dividende et le diviseur restant les mêmes, le quotient, qui sera aussi toujours le même numériquement, peut être fort différent pour la nature de ses unités, selon la question qui donne lieu à cette division.

Par exemple, s'il est question de savoir combien de fois 8 fr. contiennent 4 fr., le quotient sera un nombre abstrait qui marquera 2 fois. Mais s'il est question de savoir combien pour 8 fr. on fera faire d'ouvrage à raison de 4 fr. le mètre, le quotient sera 2 mètres qui est un nombre concret, et dont l'espèce n'a aucun rapport avec le dividende ni avec le diviseur.

Mais on voit, en même temps, que la question seule qui conduit à faire la division dont il s'agit décide la nature des unités du quotient.

De la Division d'un nombre composé de plusieurs chiffres par un nombre qui n'en à qu'un.

60. L'opération que nous allons décrire suppose qu'on sache trouver combien de fois un nombre de un ou deux chiffres contient un nombre d'un seul chiffre. C'est une connaissance déjà acquise, quand on sait de mémoire les produits des nombres qui n'ont qu'un chiffre. On peut aussi, pour y parvenir, faire usage de la table que nous avons donnée ci-dessus (**48**). Par exemple, si je veux savoir combien de fois 74 contient 9, je cherche le diviseur 9 dans la bande supérieure, et je descends verticalement jusqu'à ce que je rencontre le nombre le plus approchant de 74, c'est ici 72; alors le nombre 8 qui se trouve vis-à-vis 72, dans la première colonne, est le nombre de fois, ou le quotient que je cherche.

Cela supposé, voici comment se fait la division d'un nombre qui a plusieurs chiffres, par un nombre qui n'en a qu'un.

Écrivez le diviseur à côté du dividende, séparez l'un de l'autre par un trait, et soulignez le diviseur sous lequel vous écrirez les chiffres du quotient, à mesure que vous les trouverez.

Prenez le premier chiffre sur la gauche du dividende, ou les deux premiers chiffres, si le premier ne contient pas le diviseur.

Cherchez combien ce premier ou ces deux premiers chiffres contiennent le diviseur; écrivez ce nombre de fois sous le diviseur.

Multipliez le diviseur par le quotient que vous venez d'écrire, et portez le produit sous la partie du dividende que vous venez d'employer.

Enfin, retranchez le produit de la partie supérieure du dividende à laquelle il répond, et vous aurez un reste.

A côté de ce reste, abaissez le chiffre suivant du dividende principal, et vous aurez un second dividende partiel, sur lequel vous opérerez comme sur le premier, plaçant le quotient à droite de celui qu'on a déjà trouvé, multipliant de même le diviseur par ce quotient, écrivant et retranchant le produit comme ci-devant.

Vous abaisserez, de même, à côté du reste de cette division, le chiffre du dividende, qui suit celui que vous avez abaissé, et vous continuerez toujours de la même manière jusqu'au dernier inclusivement.

Cette règle va être éclaircie par l'exemple suivant.

Exemple.

On propose de diviser 8769 par 7.

J'écris ces deux nombres comme on les voit ci-après :

$$
\begin{array}{r|l}
\text{dividende}\quad 8769 & 7 \text{ diviseur} \\
\underline{7} & 1252\,\tfrac{5}{7} \text{ quotient.} \\
17 & \\
\underline{14} & \\
36 & \\
\underline{35} & \\
19 & \\
\underline{14} & \\
5 &
\end{array}
$$

et commençant par la gauche du dividende, je devrais dire en 8 mille combien de fois 7 : mais je dis simplement en 8 combien de fois 7? Il y est une fois. Cet 1 est naturellement mille, mais les chiffres qui viendront après lui donneront sa véritable valeur ; c'est pourquoi j'écris simplement 1 sous le diviseur.

Je multiplie le diviseur 7 par le quotient 1, et je porte le produit 7 sous la partie 8 que je viens de diviser ; faisant la soustraction, j'ai pour reste 1.

Ce reste 1 est la partie de 8 qui n'a pas été divisée, et est une dizaine à l'égard du chiffre suivant 7 ; c'est pourquoi j'abaisse ce même chiffre 7 à côté, et je continue l'opération en disant : en 17 combien de fois 7? 2 fois. J'écris ce 2 à la droite du premier quotient 1 qu'a donné la première opération.

Je multiplie, comme dans la première opération, le diviseur 7 par le quotient 2 que je viens de trouver ; je porte le produit 14 sous mon dividende partiel 17, et faisant la soustraction, il me reste 3 pour la partie qui n'a pu être divisée.

A côté de ce reste 3 j'abaisse 6, troisième chiffre du dividende, et je dis en 36 combien de fois 7? 5 fois ; j'écris 5 au quotient.

Je multiplie le diviseur 7 par 5 ; et ayant écrit ce produit 35 sous mon nouveau dividende partiel, je l'en retranche, et il me reste 1.

Enfin, à côté de ce reste 1, j'abaisse le chiffre 9 du dividende, et je dis en 19 combien de fois 7? 2 fois; j'écris 2 au quotient.

Je multiplie le diviseur 7 par ce nouveau quotient 2, et ayant écrit le produit 14 sous mon dernier dividende partiel 19, j'ai pour reste 5.

Je trouve donc que 8769 contiennent 7 autant de fois que le marque le quotient que nous avons écrit; c'est-à-dire 1252 fois, et qu'il reste 5.

A l'égard de ce reste, nous nous contenterons pour le présent de dire qu'on l'écrit à côté du quotient, comme on le voit dans cet exemple, c'est-à-dire en écrivant le diviseur au-dessous de ce reste, et séparant l'un de l'autre par un trait; et alors on prononce *cinq septièmes*. Nous expliquerons par la suite la nature de ces sortes de nombres.

61. Si, dans la suite de l'opération, quelqu'un des dividendes partiels se trouvait ne pas contenir le diviseur, on écrirait zéro au quotient, et omettant la multiplication, on abaisserait tout de suite un autre chiffre à côté de ce dividende partiel, et on continuerait la division.

Exemple.

Il s'agit de diviser 14464 par 8.

$$
\begin{array}{r|l}
14464 & 8 \\
8 & \overline{\hphantom{0}1808} \\
\hline
64 & \\
64 & \\
\hline
064 & \\
64 & \\
\hline
0 & \\
\end{array}
$$

Je prends ici les deux premiers chiffres du dividende, parce que le premier ne contient pas le diviseur.

Je trouve que 14 contient 8, 1 fois, j'écris 1 au quotient; je multiplie 8 par 1, et je retranche le produit 8 de 14, ce qui me donne pour reste 6, à côté duquel j'abaisse le troisième chiffre 4 du dividende.

Je continue en disant : en 64 combien de fois 8? huit fois; j'écris 8 au quotient, et faisant la multiplication, j'ai pour produit 64 que je retranche du dividende partiel 64, il me reste 0 à côté duquel j'a-

3

baisse 6, quatrième chiffre du dividende; et comme 6 ne contient pas 8, j'écris 0 au quotient, et j'abaisse tout de suite à côté de 6 le dernier chiffre du dividende qui est ici 4, pour dire en 64 combien de fois 8 ? il y est 8 fois; après avoir écrit 8 au quotient, je fais la multiplication, et je retranche le produit 64; et comme il ne reste rien, j'en conclus que 14464 contiennent 8, 1808 fois.

De la Division par un nombre de plusieurs chiffres.

62. Lorsque le diviseur aura plusieurs chiffres, on se conduira de la manière suivante :

Prenez sur la gauche du dividende autant de chiffres qu'il est nécessaire pour contenir le diviseur.

Cela posé, au lieu de chercher comme ci-devant combien la partie du dividende que vous avez prise contient votre diviseur entier, cherchez seulement combien de fois le premier chiffre de votre diviseur est compris dans le premier chiffre de votre dividende, ou dans les deux premiers si le premier ne suffit pas ; marquez ce quotient sous le diviseur comme ci-devant.

Multipliez successivement, selon la règle donnée (**50**), tous les chiffres de votre diviseur par ce quotient, et portez à mesure les chiffres du produit sous les chiffres correspondants de votre dividende partiel. Faites la soustraction, et à côté du reste abaissez le chiffre suivant du dividende, pour continuer l'opération de la même manière.

Nous allons éclaircir ceci par quelques exemples, et prévenir en même temps les cas qui peuvent causer quelque embarras.

Exemple.

On propose de diviser 75347 par 53.

$$
\begin{array}{r|l}
75347 & 53 \\
53 & 1421\ \frac{34}{53} \\
\hline
225 & \\
212 & \\
\hline
114 & \\
106 & \\
\hline
87 & \\
53 & \\
\hline
34 & \\
\end{array}
$$

Je prends seulement les deux premiers chiffres du dividende, parce qu'ils contiennent le diviseur, et au lieu de dire en 75 combien de fois 53, je cherche seulement combien les 7 dizaines de 75 contiennent les 5 dizaines de 53, c'est-à-dire combien 7 contient 5 : je trouve 1 fois, que j'écris au quotient.

Je multiplie 53 par 1, et je porte le produit 53 sous 75 : la soustraction faite il reste 22 , à côté duquel j'abaisse le chiffre 3 du dividende, et je poursuis en disant, pour plus de facilité, en 22 combien de fois 5 (au lieu de dire en 223 combien de fois 53) ; je trouve 4 fois que j'écris au quotient.

Je multiplie successivement par 4 les deux chiffres du diviseur, et je porte le produit 212 sous mon dividende partiel 223 ; la soustraction faite, j'ai pour reste 11 ; j'abaisse à côté de ce reste le chiffre 4 du dividende, et je dis simplement, comme ci-dessus, en 11 combien de fois 5 ? 2 fois ; je l'écris au quotient, et je multiplie 53 par 2, ce qui me donne 106 que j'écris sous le dividende partiel 114 ; faisant la soustraction, j'ai pour reste 8, à côté duquel j'abaisse le dernier chiffre 7 ; je divise de même 87, et continuant comme ci-dessus, je trouve 1 pour quotient, et 34 pour reste que j'écris à côté du quotient, de la manière qui a été indiquée plus haut (**60**).

63. On devrait, à la rigueur, chercher combien de fois chaque dividende partiel contient le diviseur entier ; mais comme cette recherche serait souvent longue et pénible, on se contente, comme on vient de le voir, de chercher combien la partie la plus forte de ce dividende contient la partie la plus forte du diviseur. Le quotient qu'on trouve par cette voie n'est pas toujours le véritable, parce qu'en prenant ce parti, on ne fait réellement qu'une estimation approchée ; mais outre que cette estimation met presque toujours sur le but, et que dans les cas où elle n'y met pas, elle en écarte peu, la multiplication qui vient ensuite sert à redresser ce qu'il peut y avoir de défectueux dans ce jugement. En effet, si le dividende partiel contenait réellement le diviseur trois fois, par exemple, et que par l'essai qu'on fait on eût trouvé qu'il le contient 4 fois, il est facile de voir qu'en faisant la multiplication par 4, on aurait un produit plus grand que le dividende, puisqu'on prendrait le diviseur plus de fois qu'il n'est réellement dans ce dividende, et par conséquent la soustraction deviendra impossible ; alors on diminuera le quotient successivement d'une, deux, etc., unités, jusqu'à ce qu'on trouve un produit qu'on puisse retrancher : au contraire, si l'on n'avait mis que 2 au quotient, le reste de la soustraction se trouverait plus grand que le diviseur ; ce qui prouverait que le diviseur y est encore contenu, et que par conséquent le quotient est trop faible.

Au reste, on acquiert en peu de temps l'usage de prévoir de combien on doit diminuer ou augmenter le quotient que donne la première épreuve.

Exemple II.

On propose de diviser 189492 par 375.

$$
\begin{array}{r|l}
189492 & 375 \\
1875 & 505\ \tfrac{117}{375} \\
\hline
1992 & \\
1875 & \\
\hline
117 &
\end{array}
$$

Je prends les quatre premiers chiffres du dividende, parce que les trois premiers ne contiennent pas le diviseur.

Je dis ensuite : en 18 seulement combien de fois 3? il y est réellement 6 fois ; mais en multipliant 375 par 6, j'aurais plus que mon dividende 1894, c'est pourquoi j'écris seulement 5 au quotient. Je multiplie 375 par 5, et après avoir écrit le produit sous 1894, je fais la soustraction, et j'ai pour reste 19.

J'abaisse à côté de 19 le chiffre 9 du dividende ; et comme 199 que j'ai alors ne contient pas 375, je pose 0 au quotient, et j'abaisse à côté de 199 le chiffre 2 du dividende, ce qui me donne 1992 pour lequel je dis, en 19 seulement combien de fois 3? six fois. Mais par la même raison que ci-dessus, je n'écris au quotient que 5 : et après avoir opéré comme ci-devant, j'ai pour reste 117.

64. Voici une réflexion qui peut servir à éviter, dans un grand nombre de cas, les tentatives inutiles. On est principalement exposé à ces essais douteux, lorsque le second chiffre du diviseur est sensiblement plus grand que le premier. Dans ce cas, au lieu de chercher combien le premier chiffre du diviseur est contenu dans la partie correspondante du dividende, il faut chercher combien ce premier chiffre augmenté d'une unité se trouve contenu dans la partie correspondante du dividende ; cette épreuve sera toujours beaucoup plus approchante que la première.

Exemple.

On propose de diviser 1832 par 288.

$$
\begin{array}{r|l}
1832 & 288 \\
1728 & 6\ \tfrac{104}{288} \\
\hline
104 &
\end{array}
$$

Au lieu de dire en 18 combien de fois 2 ; je dirai en 18 combien de fois 3, parce que le diviseur 288 approche beaucoup plus de 300 que de 200, et je trouve 6 qui est le véritable quotient, au lieu que j'aurais trouvé 9, et j'aurais par conséquent été obligé de faire trois essais inutiles.

Moyens d'abréger la Méthode précédente.

65. C'est pour rendre la méthode plus facile à saisir, que nous avons prescrit d'écrire sous chaque dividende partiel le produit qu'on trouve en multipliant le diviseur par le quotient; mais comme le but de l'Arithmétique doit être d'abréger les opérations, nous croyons devoir faire remarquer qu'on peut se dispenser d'écrire ces produits, et faire la soustraction à mesure qu'on a multiplié chaque chiffre du diviseur. L'exemple suivant suffira pour faire entendre comment se fait cette soustraction.

Exemple.

On veut [1] diviser 756984 par 932.

$$
\begin{array}{r|l}
756984 & 932 \\
1138 & 812 \; \frac{200}{932} \\
\hline
2064 & \\
\hline
200 & \\
\end{array}
$$

Après avoir pris les quatre premiers chiffres du dividende, qui sont nécessaires pour contenir le diviseur, je trouve que 75 contient 9, 8 fois ; c'est pourquoi j'écris 8 au quotient, et au lieu de porter sous 7569 le produit de 932 par 8, je multiplie d'abord 2 par 8, ce qui me donne 16 ; mais comme je ne puis ôter 16 de 9, j'emprunte sur le chiffre suivant 6 une dizaine, qui, jointe à 9, me donne 19, duquel ôtant 16, il me reste 3, que j'écris au-dessous.

Pour tenir compte de cette dizaine empruntée, au lieu de diminuer d'une unité le chiffre 6 sur lequel j'ai emprunté, je retiens cette unité que je vais ajouter au produit suivant; ainsi, continuant la multiplication, je dis 8 fois 3 font 24, et un que j'ai retenu font 25 ; comme je ne puis ôter 25 de 6, j'emprunte sur le chiffre suivant 5 du dividende, deux dizaines, qui, jointes à 6, me donnent 26, desquelles j'ôte 25, et il me reste 1 que j'écris sous 6 ; par là j'ai

---

[1] L'édition de 1781 porte *on peut diviser;* c'est évidemment une faute d'impression.

tenu compte de la première dizaine dont j'aurais dû diminuer 6, parce que j'ai retranché une dizaine de plus. Je tiendrai de même compte des deux dizaines que je viens d'emprunter. Je continue donc, en disant 8 fois 9 font 72, et 2 que j'ai empruntés font 74, lesquels ôtés de 75, il reste 1.

J'abaisse à côté du reste 113 le chiffre 8 du dividende, et je continue de la même manière, en disant : en 11 combien de fois 9 ? 1 fois; puis une fois 2 fait 2, qui ôtés de 8, il reste 6 ; 1 fois 3 fait 3, qui ôtés de 3, il reste 0 ; 1 fois 9 est 9, qui ôtés de 11 il reste 2. J'abaisse le chiffre 4 à côté du reste 206, et je dis : en 20 combien de fois 9 ? 2 fois ; et faisant la multiplication, 2 fois 2 font 4, qui ôtés de 4, il reste 0 ; 2 fois 3 font 6, qui ôtés de 6, il reste 0 ; et enfin 2 fois 9 font 18, qui ôtés de 20, il reste 2.

66. Il peut arriver dans le cours de ces divisions partielles que le dividende contienne le diviseur plus de 9 fois; cependant, on ne doit jamais mettre plus de 9 au quotient ; car si l'on pouvait seulement mettre 10, ce serait une preuve que le quotient trouvé par l'opération précédente serait faux, puisque la dizaine qu'on trouverait dans le quotient actuel appartiendrait à ce premier quotient.

67. Si le dividende et le diviseur étaient suivis de zéros, on pourrait en ôter à l'un et à l'autre autant qu'il y en a à la suite de celui qui en a le moins. Par exemple, pour diviser 8000 par 400, je diviserai seulement 80 par 4 ; car il est évident que 80 centaines ne contiennent pas plus 4 centaines que 80 unités ne contiennent 4 unités.

De la Division des Parties Décimales.

68. Pour ne pas nous arrêter à des distinctions superflues, nous réduirons l'opération de la division des décimales à cette règle seule.

Mettez à la suite de celui des deux nombres proposés qui a le moins de décimales, un nombre de zéros suffisant pour que le nombre des décimales soit le même dans chacun (cela ne changera rien à la valeur de ce nombre (**30**)) ; supprimez la virgule dans l'un et dans l'autre, et faites l'opération comme pour les nombres entiers ; il n'y aura rien à changer au quotient que vous trouverez.

Exemple.

On propose de diviser 12,52 par 4,3

J'écris. . . . . 12,52 | 4,3

ou plutôt. . . . . . . 12,52 | 4,30

en complétant le nombre des décimales. Supprimant la virgule, j'ai
1252 à diviser par 430; faisant l'opération,

$$\begin{array}{c|l} 1252 & 430 \\ 392 & 2\ \frac{392}{430} \end{array}$$

je trouve 2 pour quotient, et 392 pour reste, c'est-à-dire que le
quotient est 2 et $\frac{392}{430}$.

Mais comme l'objet qu'on se propose, quand on se sert de décimales, est d'éviter les fractions ordinaires; au lieu d'écrire le reste
392 sous la forme de fraction comme on vient de le faire, on continuerait l'opération comme dans l'exemple suivant.

Exemple.

$$\begin{array}{c|l} 1252 & 430 \\ 3920 & 2,9116 \\ 500 & \\ 700 & \\ 2700 & \\ 120 & \end{array}$$

Après avoir trouvé le quotient, en entier, qui est ici 2, on mettra à
côté du reste 392 un zéro qui, à la vérité, rendra ce reste dix fois
trop grand; on continuera de diviser par 430, et ayant trouvé qu'il
faudrait mettre 9 au quotient, on l'y mettra en effet, mais après
avoir marqué la place des unités entières, en mettant une virgule
après le 2; par ce moyen le 9 ne marquera plus que des dixièmes;
après la multiplication et la soustraction faites, on mettra à côté du
reste 50 un zéro, ce qui est la même chose que si l'on en avait mis
d'abord 2 à côté du dividende; mais en mettant après 9 le quotient
1 qu'on trouvera, on lui donnera par là sa véritable valeur, puisqu'alors il marque des centièmes; on continuera ainsi tant qu'on le
jugera nécessaire. En s'en tenant à deux décimales, on a la valeur
du quotient à moins d'un centième d'unité près; en poussant jusqu'à trois chiffres, on a le quotient à moins d'un millième près, et
ainsi de suite, puisqu'on n'aurait pas pu mettre une unité de plus
ou de moins, sans rendre le quotient trop fort ou trop faible.

Tous les restes de division peuvent être réduits ainsi en décimales.

Il reste à expliquer pourquoi la suppression de la virgule dans le
dividende et dans le diviseur ne change rien au quotient, lorsqu'on a
rendu le nombre des décimales le même dans chacun de ces deux

nombres : c'est ce qu'il est aisé d'apercevoir, parce que dans l'exemple ci-dessus le dividende 12,52, et le diviseur 4,30 ne sont autre chose que 1252 centièmes et 430 centièmes, puisque les unités entières valent des centaines de centièmes (**22**) ; or, il est clair que 1252 centièmes ne contiennent pas autrement 430 centièmes, que 1252 unités ne contiennent 430 unités ; donc la considération de la virgule est inutile quand on a complété le nombre des décimales.

69. Lorsqu'on n'a besoin de connaître le quotient d'une division que jusqu'à un degré d'exactitude proposé, on peut abréger le calcul par la méthode suivante. Nous supposerons d'abord qu'on n'a besoin de connaître ce quotient qu'à une unité près : nous ferons voir ensuite comment on doit appliquer la méthode pour l'avoir aussi près qu'on voudra : voici la règle.

Supprimez, sur la droite du dividende, autant de chiffres moins un qu'il y en a dans le diviseur ; faites ensuite la division comme à l'ordinaire : s'il n'y a point de reste, vous mettrez à la suite du quotient autant de zéros que vous avez supprimé de chiffres dans le dividende. Mais s'il y a un reste, vous continuerez de diviser, non pas par le même diviseur qu'auparavant, ce qui n'est plus possible, mais par ce diviseur dont vous aurez supprimé le dernier chiffre de la droite ; après cette division, vous diviserez le nouveau reste par le diviseur précédent dont vous supprimerez le dernier chiffre sur la droite, et vous continuerez ainsi de diviser, en supprimant à chaque division un chiffre sur la droite du diviseur.

Exemple.

On veut avoir, à moins d'une unité près, le quotient de 8789236487 divisé par 64423. Je supprime les quatre derniers chiffres de la droite du dividende, et je divise 878923 par le diviseur proposé 64423.

$$
\begin{array}{r|l}
878923 & 64423 \\
234693 & 136430 \\
41424\ldots 6442 & \\
2772\ldots 644 & \\
196\ldots 64 & \\
4\ldots 6 & \\
\end{array}
$$

Je trouve, d'abord, 13 pour quotient, et 41424 pour reste : je divise donc les 41424 par 6442, en supprimant le dernier chiffre 3 du diviseur ; j'ai pour quotient 6 que j'écris à la suite du premier quotient 13, et le reste est 2772 que je divise par 644, en supprimant encore un chiffre sur la droite du diviseur primitif ; j'ai pour quotient 4 que j'écris à la suite du quotient principal 136 ; le reste est 196 que je divise par 64, en supprimant encore un chiffre dans le diviseur ; le quotient est 3 et le reste 4. Enfin je divise par 6 et j'ai 0 pour quotient, en sorte que le quotient de 8789236487 divisé par 64423 est 136430, à moins d'une unité près. En effet, le quotient exact est $136430\frac{6597}{64423}$.

Il n'est pas indispensable d'écrire, à chaque fois, comme nous l'avons fait, le nouveau diviseur ; on peut se contenter de barrer, dans le diviseur primitif, chaque chiffre à mesure qu'on passe à une nouvelle division ; ce n'a été que pour rendre l'opération plus sensible que nous avons écrit ces diviseurs à côté des restes successifs.

70. Si le reste de la première division se trouvait plus petit que n'est le diviseur après qu'on en a supprimé le dernier chiffre, on mettrait zéro au quotient ; et s'il se trouvait encore plus petit que ne serait ce diviseur après qu'on en a encore ôté le dernier des chiffres restants, on mettrait encore un zéro au quotient, et ainsi de suite.

Exemple.

Pour avoir, à moins d'une unité près, le quotient de 55106054 divisé par 643; je divise comme à l'ordinaire la partie 551060 qui reste après la suppression des deux derniers chiffres du dividende proposé.

$$\begin{array}{r|l} 551060 & 643 \\ 3666 & 85701 \\ 4510 & \\ 009\ldots64 & \\ 9\ldots6 & \\ 3 & \end{array}$$

J'ai pour quotient 857 et 9 pour reste; il faut donc diviser ce reste par 64 seulement; comme 9 ne contient pas ce diviseur, je mets 0 au quotient, et j'ai encore pour reste 9 que je divise par 6 seulement, en sorte que le quotient cherché est 85701, à moins d'une unité près.

71. Si lorsqu'au commencement de l'opération on supprime sur la droite du dividende les chiffres que la règle prescrit de supprimer, il se trouve que les chiffres restants ne contiennent pas le diviseur, on supprimera tout de suite, sur la droite du diviseur, autant de chiffres qu'il est nécessaire pour que le diviseur y soit contenu.

Exemple.

On veut avoir, à moins d'une unité près, le quotient de 1611527 divisé par 64524.

Je supprime les quatre chiffres 1527 de la droite du dividende. Mais comme les chiffres restants 161 ne peuvent pas être divisés par 64524, je supprime dans ce diviseur les trois derniers chiffres 524 qui doivent être supprimés pour que ce diviseur soit contenu dans le dividende restant 161 ; ainsi je divise 161 par 64, en opérant comme dans l'exemple précédent,

$$\begin{array}{r|l} 161 & 64 \\ & 25 \\ 33\ldots6 & \\ 3 & \end{array}$$

et j'ai 25 pour le quotient de 1611527 divisés par 64524, à moins d'une unité près ; en effet, le quotient exact est 24 $\frac{62952}{64524}$, qui est beaucoup plus près de 25 que de 24.

72. A mesure qu'on supprime un chiffre dans le diviseur, il convient, pour plus d'exactitude, d'augmenter d'une unité le dernier de ceux qui restent, si celui qu'on supprime est au-dessus de 5 ou égal à 5. On augmentera de même d'une unité le dernier des chiffres qui restent dans le dividende, après la suppression que la règle prescrit, si ceux-ci surpassent ou 5, ou 50, ou 500, selon qu'il y en a 1, ou 2, ou 3, etc.

Exemple.

On veut avoir, à moins d'une unité près, le quotient de 8657627 divisé par 1987.

Je divise donc 8658 per 1987, comme il suit :

$$
\begin{array}{c|c}
8658 & 1987 \\
\hline
 & 4357 \\
\end{array}
$$

$$
\begin{array}{c}
710\ldots 199 \\
113\ldots 20 \\
13\ldots 2 \\
\end{array}
$$

C'est-à-dire qu'au lieu de diviser le reste 710 par 198 seulement, je le divise par 199, parce que le dernier chiffre 7, que je supprime, est au-dessus de 5. Même raison pour la division suivante. Mais comme le dernier diviseur qui est contenu six fois $\frac{1}{2}$ dans 13 est un peu trop fort, je mets 7 au quotient pour compenser.

73. Maintenant il est facile de voir ce qu'il y a à faire lorsqu'on veut avoir le quotient beaucoup plus exactement. Par exemple, si l'on voulait avoir le quotient à un dix-millième d'unité près, la question se réduirait à mettre autant de zéros (ici ce serait quatre) à la suite du dividende, qu'on veut avoir de décimales au quotient, après quoi on fera la division selon la méthode actuelle. Et lorsqu'on aura trouvé le quotient, à moins d'une unité près, on en séparera sur la droite, par une virgule, autant de chiffres qu'on voulait avoir de décimales.

Exemple.

On veut avoir, à moins d'un dix-millième d'unité près, le quotient de 6927 divisé par 4532 ; je mets quatre zéros à la suite de 6927, et la question se réduit à avoir, à moins d'une unité près, le quotient de 69270000 divisé par 4532, c'est-à-dire, conformément à la règle ci-dessus, à diviser 69270 par 4532, comme il suit :

$$
\begin{array}{c|c}
69270 & 4532 \\
23950 & 15285 \\
\end{array}
$$

$$
\begin{array}{c}
1290\ldots 453 \\
384\ldots 45 \\
24\ldots 5 \\
\end{array}
$$

le quotient cherché est donc 1,5285, à moins d'un dix-millième d'unité près.

S'il y avait des décimales dans le dividende, ou dans le diviseur, ou dans tous les deux, on les ramènerait d'abord à n'en point avoir, selon ce qui a été dit (**68**), après quoi on opérerait comme dans ce dernier exemple.

Donc si l'on voulait réduire une fraction proposée en décimales, on y parviendrait promptement par cette méthode, ayant égard à ce qui a été dit (**71**).

Ainsi l'on veut réduire $\frac{4253}{9678}$ en décimales, et en avoir la valeur à moins d'un millième d'unité près ; on aura 4253000 à diviser par 9678, ce qui (**69**) se réduira à diviser 4253 par 9678, ou (**71**) à diviser 4253 par 968, selon la méthode actuelle. On trouvera donc 439, en sorte qu'on aura 0,439 pour la valeur de $\frac{4253}{9678}$, à moins d'un millième près.

74. Il pourrait arriver néanmoins que le quotient trouvé d'après ces règles fût fautif de 1, 2 ou 3 unités dans le dernier chiffre. Quoique ce cas doive se rencontrer très-rarement, il n'est pas inutile de faire observer qu'on peut toujours le prévenir facilement, en ne séparant, au commencement de l'opération, sur la droite du dividende, qu'autant de chiffres moins deux qu'il y en a dans le diviseur ; et opérant du reste comme ci-dessus. Lorsque le quotient sera trouvé, on en supprimera le dernier chiffre, en observant d'ajouter une unité au dernier de ceux qui resteront, si celui qu'on supprime est plus grand que 5.

Preuve de la Multiplication et de la Division.

75. On peut tirer de la définition même que nous avons donnée de chacune de ces deux opérations, le moyen d'en faire la preuve.

Puisque dans la multiplication on prend le multiplicande autant de fois que le multiplicateur contient d'unités, il s'ensuit que si l'on cherche combien de fois le produit contient le multiplicande, c'est-à-dire (**59**) si l'on divise le produit par le multiplicande, on doit trouver pour quotient le multiplicateur; et comme on peut prendre le multiplicande pour le multiplicateur, et *vice versâ* : en général, *si l'on divise le produit d'une multiplication par l'un des facteurs, on doit trouver pour quotient l'autre facteur.*

Par exemple, ayant trouvé ci-dessus (**50**) que 2864 multiplié par 6 a donné 17184, je divise 17184 par 2864 : je dois trouver et je trouve en effet 6 pour quotient.

Pareillement, puisque le quotient d'une division marque combien de fois le dividende contient le diviseur, il s'ensuit que si l'on prend le diviseur autant de fois qu'il est marqué par le quotient, c'est-à-dire si l'on multiplie le diviseur par le quotient, on doit reproduire le dividende lorsque la division a été faite sans reste; et que dans le cas où il y a un reste, si l'on multiplie le diviseur par le quotient, et qu'au produit on ajoute le reste de la division, on doit reproduire le dividende.

Par exemple, nous avons trouvé ci-dessus (**63**) que 189492 divisé par 375 donnait 505 pour quotient et 117 pour reste; en multipliant 375 par 505 on trouve 189375, auquel ajoutant le reste 117, on retrouve le dividende 189492.

Ainsi la multiplication et la division peuvent se servir de preuve réciproquement.

Mais on peut vérifier ces opérations par un moyen plus prompt que nous allons exposer; il ne faut pas pour cela négliger les réflexions que nous venons de faire : elles seront utiles dans beaucoup d'autres occasions.

Preuve par 9.

76. Supposons qu'après avoir multiplié 65498 par 454, et trouvé que le produit est 29736092, on veuille éprouver si ce produit est exact.

On ajoutera tous les chiffres 6, 5, 4, 9, 8, du multiplicande, comme s'ils ne contenaient que des unités simples, et on retranchera 9 à mesure qu'il se trouvera dans la somme; on aura un reste qui sera ici 5.

On ajoutera pareillement les chiffres 4, 5, 4 du multiplicateur, et retranchant pareillement tous les 9 que produira cette addition, on aura pour reste 4.

On multipliera le reste 5 du multiplicande par le reste 4 du multiplicateur, et du produit 20, on retranchera les 9 qu'il peut renfermer; il restera 2.

Si le produit est exact, il faut qu'ajoutant de même tous les chiffres 2, 9, 7, 3, 6, 0, 9, 2 de ce produit, et retranchant tous les 9, il ne reste aussi que 2, ce qui a lieu en effet.

Cette règle est fondée sur ce principe, que pour avoir le reste de la soustraction de tous les 9 qu'un nombre peut renfermer, il n'y a qu'à chercher le reste que ces chiffres, ajoutés comme des unités simples, donneraient après la suppression des 9.

En effet, si d'un nombre exprimé par un seul chiffre suivi de plusieurs zéros on retranche tous les 9, le reste sera exprimé par ce seul chiffre : si de 4000 ou de 500 ou de 60000 vous retranchez tous les 9, le reste sera 4 ou 5 ou 6, etc., ce qui est aisé à voir.

Donc le reste que donnerait, par la suppression des 9, un nombre tel que 65498 (qui est la même chose que 60000, plus 5000, plus 400, plus 90, plus 8), sera le même que celui que donneraient 6, plus 5, plus 4, plus 9, plus 8, c'est-à-dire le même que si l'on ajoutait ces chiffres comme contenant des unités simples.

En voici maintenant l'application à la preuve de la multiplication.

Puisque 65498 est composé d'un certain nombre de 9 et d'un reste 5, et que le multiplicateur 454 est composé aussi d'un certain nombre de 9 et d'un reste 4, il ne peut s'en falloir que du produit de 5 par 4 ou 20 que le produit total ne soit divisible par 9; ou, en ôtant les 9, il ne doit s'en falloir que de 2 que le produit total ne soit divisible par 9 : donc il doit rester au produit la même quantité que dans le produit des deux restes après la suppression des 9 qu'il renferme.

On pourrait faire aussi cette preuve de la même manière par le nombre 3.

A l'égard de la division, elle devient facile à éprouver, après ce qui a été dit (70). Après avoir ôté du dividende le reste qu'a donné la division, on regardera le résultat comme un produit dont le diviseur et le quotient sont les facteurs, et par conséquent on y appliquera la preuve par 9, de la même manière qu'on vient de le faire.

A parler exactement, cette vérification n'est pas infaillible, parce que, dans la multiplication par exemple, si l'on s'était trompé de quelques unités sur quelque chiffre du produit, et qu'en même temps on eût fait une erreur égale, mais en sens contraire, sur quelque autre chiffre du même produit ; comme cela ne changerait rien au reste que l'on aurait après la suppression des 9, cette règle ne ferait point apercevoir l'erreur ; mais comme il faut, ainsi qu'on le voit, au moins deux erreurs, et deux erreurs qui se compensent, ou qui ne diffèrent que d'un certain nombre de fois 9, les cas où cette vérification serait fautive seront très-rares dans l'usage.

Quelques usages de la Règle précédente.

77. La division sert non-seulement à trouver combien de fois un nombre en contient un autre, mais encore à partager un nombre en parties égales. Prendre la moitié, le tiers, le quart, le cinquième, le vingtième, le trentième, etc., d'un nombre, c'est diviser ce nombre par 2, 3, 4, 5, 20, 30, etc., ou le partager en 2, 3, 4, 5, 20, 30, etc., parties égales, pour prendre une de ces parties.

La division sert encore à convertir les unités d'une certaine espèce en unités d'une espèce supérieure ; par exemple, un certain nombre de pences ou deniers anglais en shillings et ceux-ci en livres sterling. Pour réduire 5864 pences en shillings on remarquera que puisqu'il faut 12 pences pour faire un shilling, autant de fois il y aura 12 pences dans 5864 pences, autant il y aura de shillings ; il faut donc diviser par 12, et on trouvera 488^{sh} et 8^p de reste. Pour réduire en livres les 488^{sh} on divisera 488 par 20, puisqu'il faut 20^{sh} pour faire la livre ; et on aura en total 24 livres sterling, 8 shillings, 8 pences.

A l'occasion de cette division par 20, remarquons que quand on a à diviser par un nombre suivi de zéros, on peut abréger l'opération en séparant sur la droite du dividende autant de chiffres qu'il y a de zéros ; on divise la partie qui reste à gauche, par les chiffres significatifs du diviseur ; s'il y a un reste, on écrit à sa suite les chiffres qu'on a séparés, ce qui donne le reste total. Par exemple, pour diviser 5834 par 20, je sépare le dernier chiffre 4, et je divise par 2 la partie restante 583 ; j'ai pour quotient 291, et 1 pour reste ; j'écris à côté de ce reste 1 le chiffre séparé 4, ce qui me donne 14 pour reste total ; en sorte que le quotient est 291 $\frac{14}{20}$.

Cette abréviation peut être appliquée à l'évaluation du poids d'un sac contenant un nombre connu de francs : si l'on sait que le sac contient 2584 fr., comme 200 fr. pèsent 1000 grammes ou un kilogramme (**36** *bis*), il faudra diviser 2584 par 200 ; pour cela, on séparera les deux derniers chiffres à droite, et, prenant la moitié du reste, on aura 12 ᵏⁱˡᵒᵍ· ,92.

Des Fractions.

78. Les fractions considérées arithmétiquement sont des nombres par lesquels on exprime les quantités plus petites que l'unité.

Pour se faire une idée nette des fractions, il faut concevoir que la quantité qu'on a prise d'abord pour unité est elle-même composée d'un certain nombre d'unités plus petites, comme l'on conçoit, par exemple, que l'heure est composée de soixante parties ou de soixante unités plus petites qu'on appelle minutes.

Une ou plusieurs de ces parties forment ce qu'on appelle une fraction de l'unité. On donne aussi ce nom aux nombres qui représentent ces parties.

79. Une fraction peut être exprimée en nombres, de deux manières qui sont chacune en usage.

La première manière consiste à représenter, comme les nombres entiers, les parties de l'unité que contient la quantité dont il s'agit ; mais alors on donne un nom particulier à ces parties. Ainsi, pour marquer 7 parties dont on en conçoit 60 dans l'heure, on emploierait le chiffre 7, mais on prononcerait et on écrirait 7 minutes : cette manière de marquer les parties de l'unité a lieu dans les nombres complexes dont nous parlerons par la suite.

80. Mais comme il faudrait un signe particulier pour chaque division qu'on pourrait faire de l'unité, on évite cette multiplicité de signes en marquant une fraction par deux nombres placés l'un au-dessous de l'autre et séparés par un trait. Ainsi, pour marquer les 7 parties dont il vient d'être question, on écrit $\frac{7}{60}$; c'est-à-dire, qu'en général, on écrit d'abord le nombre qui marque combien la quantité dont il s'agit contient de parties de l'unité, et on écrit au-dessous de ce nombre celui qui marque combien on conçoit de ces parties dans l'unité.

81. Et pour énoncer une fraction, on énonce d'abord le nombre supérieur (qui s'appelle le *numérateur*), ensuite le nombre inférieur (qui s'appelle le *dénominateur*); mais on ajoute au nom de celui-ci la terminaison *ième*. Par exemple, pour énoncer $\frac{7}{60}$, on prononcera *sept soixantièmes*. Pour énoncer $\frac{4}{5}$, on prononcera *quatre cinquièmes ;* et par cette expression *quatre cinquièmes,* on doit entendre quatre parties, dont il faudrait cinq pour composer l'unité.

Il faut seulement excepter de la terminaison générale les fractions dont le dénominateur est 2, ou 3, ou 4, qui se prononcent *moitié* ou *demi, tiers, quart.* Ainsi, ces fractions $\frac{1}{2}$, $\frac{2}{3}$, $\frac{3}{4}$ se prononceraient *un demi, deux tiers, trois quarts.*

82. Le numérateur marque donc combien la quantité représentée par la fraction contient de parties de l'unité, et le dénominateur fait connaître de quelle valeur sont ces parties, en marquant combien il en faut pour composer l'unité. On lui donne le nom de dénominateur, parce que c'est lui en effet qui donne le nom à la fraction, et qui fait que dans ces deux fractions, par exemple $\frac{3}{5}$ et $\frac{2}{7}$, les parties de la première s'appellent des *cinquièmes,* et les parties de la seconde des *septièmes*.

83. Le numérateur et le dénominateur s'appellent aussi, d'un nom commun, les deux *termes de la fraction.*

Des Entiers considérés sous la forme de Fraction.

84. Les opérations qu'on fait sur les fractions conduisent souvent à des résultats fractionnaires dont le numérateur est plus grand que le dénominateur, par exemple, à des résultats tels que $\frac{8}{3}$, $\frac{27}{5}$, etc.

Ces sortes d'expressions ne sont pas des fractions proprement dites, mais ce sont des nombres entiers joints à des fractions.

85. Pour extraire les entiers qui s'y trouvent renfermés, il faut diviser le numérateur par le dénominateur. Le quotient marquera les entiers, et le reste de la division sera le numérateur de la fraction qui accompagne ces entiers. Ainsi, $\frac{27}{5}$ donneront $5\frac{2}{5}$, c'est-à-dire cinq entiers et deux cinquièmes.

En effet, dans l'expression $\frac{27}{5}$, le dénominateur 5 fait connaître que l'unité est composée de 5 parties ; donc autant de fois il y aura 5 dans 27, autant il y aura d'unités entières dans la valeur de la fraction $\frac{27}{5}$.

86. Les multiplications et les divisions des nombres entiers joints aux fractions exigent, du moins pour la facilité, qu'on convertisse ces entiers en fractions.

On fait cette conversion en multipliant le nombre entier par le dénominateur de la fraction en laquelle on veut réduire cet entier. Par exemple, si on veut convertir 8 entiers en cinquièmes, on multipliera 8 par 5, et on aura $\frac{40}{5}$. En effet, lorsqu'on veut convertir 8 en cinquièmes, on regarde l'unité comme composée de cinq parties ; les 8 unités en contiendront donc 40 ; pareillement 7$\frac{4}{9}$ convertis en neuvièmes, feront $\frac{67}{9}$.

Des changements qu'on peut faire subir aux deux termes d'une Fraction sans changer sa valeur.

87. Il est visible que plus on concevra de parties dans l'unité, et plus il faudra de ces parties pour composer une même quantité.

88. Donc on peut rendre le dénominateur d'une fraction double, triple, quadruple, etc., sans rien changer à la valeur de la fraction, pourvu qu'en même temps on rende aussi le numérateur double, triple, quadruple, etc.

On peut donc dire en général qu'*une fraction ne change point de valeur quand on multiplie ses deux termes par un même nombre.*

Ainsi $\frac{3}{4}$ est la même chose que $\frac{6}{8}$; $\frac{1}{2}$ la même chose que $\frac{2}{4}$, que $\frac{3}{6}$, que $\frac{5}{10}$; etc.

89. Par un raisonnement semblable, on voit que moins on supposera de parties dans l'unité, moins il faudra de ces parties pour former une même quantité; que par conséquent on peut, sans changer une fraction, rendre son dénominateur 2, 3, 4, etc., fois plus petit, pourvu qu'en même temps on rende son numérateur 2, 3, 4, etc., fois plus petit; et en général, *une fraction ne change point de valeur quand on divise ses deux termes par un même nombre.*

Pour voir distinctement la vérité de ces deux propositions, il suffit de se rappeler ce que c'est que le dénominateur, et ce que c'est que le numérateur d'une fraction.

Remarquons donc que multiplier ou diviser les deux termes d'une fraction par un même nombre n'est point multiplier ou diviser la fraction, puisque, comme nous venons de le dire, elle ne change point de valeur par ces opérations.

Les deux principes que nous venons de poser sont la base des deux réductions suivantes, qui sont d'un très-grand usage.

Réduction des Fractions à un même Dénominateur.

90. 1° Pour réduire deux fractions à un même dénominateur, multipliez les deux termes de la première, chacun par le dénominateur de la seconde; et les deux termes de la seconde, chacun par le dénominateur de la première.

Par exemple, pour réduire à un même dénominateur les deux fractions $\frac{2}{3}$, $\frac{3}{4}$, je multiplie 2 et 3, qui sont les deux termes de la première fraction, chacun par 4, dénominateur de la seconde; et j'ai $\frac{8}{12}$, qui (**88**) est de même valeur que $\frac{2}{3}$.

Je multiplie de même les deux termes 3 et 4 de la seconde fraction, chacun par 3, dénominateur de la première, et j'ai $\frac{9}{12}$ qui est de la même valeur que $\frac{3}{4}$; en sorte que les fractions $\frac{2}{3}$ et $\frac{3}{4}$ sont changées en $\frac{8}{12}$ et $\frac{9}{12}$, qui sont respectivement de même valeur que celles-là, et qui ont le même dénominateur entre elles.

Il est aisé de voir que par cette méthode le dénominateur sera toujours le même pour chacune des deux nouvelles fractions, puisque dans chaque opération le nouveau dénominateur est formé de la multiplication des deux dénominateurs primitifs.

91. 2° Si on a plus de deux fractions, on les réduira toutes au même dénominateur, en multipliant les deux termes de chacune par le produit résultant de la multiplication des dénominateurs des autres fractions.

Par exemple, pour réduire à un même dénominateur les quatre fractions $\frac{2}{3}$, $\frac{3}{4}$, $\frac{4}{5}$, $\frac{5}{7}$, je multiplierai les deux termes 2 et 3 de la première par le produit des trois dénominateurs 4, 5, 7 des autres fractions, produit que je trouve en disant : 4 fois 5 font 20, puis 7 fois 20 font 140; je multiplie donc 2 et 3 chacun par 140, et j'ai $\frac{280}{420}$, qui est de même valeur que $\frac{2}{3}$ (**88**).

Je multiplie pareillement les deux termes 3 et 4 de la seconde fraction par le produit de 3, 5, 7, produit que je forme en disant : 3 fois 5 font 15, puis 7 fois 15 font 105; je multiplie donc 3 et 4 chacun par 105, ce qui me donne $\frac{315}{420}$, fraction de même valeur que $\frac{3}{4}$.

Passant à la troisième fraction, je multiplie ses deux termes 4 et 5 chacun par 84, produit des trois dénominateurs 3, 4 et 7, et j'ai $\frac{336}{420}$ au lieu de $\frac{4}{5}$.

Enfin pour la quatrième je multiplierai 5 et 7, chacun par le produit 60 des dénominateurs 3, 4, 5 des trois premières fractions, et j'aurai $\frac{300}{420}$ au lieu de $\frac{5}{7}$, en sorte que les quatre fractions $\frac{2}{3}$, $\frac{3}{4}$, $\frac{4}{5}$, $\frac{5}{7}$ sont changées en $\frac{280}{420}$, $\frac{315}{420}$, $\frac{336}{420}$, $\frac{300}{420}$, moins simples, à la vérité, que celles-là, mais de même valeur qu'elles, et plus susceptibles, par leur dénominateur commun, des opérations de l'addition et de la soustraction.

Remarquons que le dénominateur de chaque nouvelle fraction étant formé du produit de tous les dénominateurs primitifs, ce nouveau dénominateur ne peut manquer d'être le même pour chaque fraction.

Réduction des Fractions à leur plus simple expression.

92. Une fraction est d'autant plus simple que ses deux termes sont de plus petits nombres. Il est souvent possible d'amener une fraction proposée à être exprimée par de moindres nombres, et cela lorsque son numérateur et son dénominateur peuvent être divisés par un même nombre ; comme cette opération n'en change point la valeur (**89**), c'est une simplification qu'on ne doit pas négliger.

Voici le procédé qu'il faudra suivre.

92. On divisera le numérateur et le dénominateur, chacun par 2, et on répétera cette division tant qu'elle pourra se faire exactement.

On divisera ensuite les deux termes par 3, et on continuera de diviser l'un et l'autre par 3, tant que cela pourra se faire.

On fera la même chose successivement avec les nombres 5, 7, 11, 13, 17, etc., c'est-à-dire avec les nombres qui n'ont aucun diviseur qu'eux mêmes, ou l'unité, et qu'on appelle *nombres premiers.*

Ainsi la seule difficulté qu'il y ait est de savoir quand est-ce qu'on pourra diviser par 2, 3, 5, etc.

On pourra dans cette recherche s'aider des principes suivants.

94. Tout nombre qui finit par un chiffre pair est divisible par 2.

Tout nombre dont la somme des chiffres ajoutés ensemble comme s'ils étaient des unités simples fera 3 ou un *multiple* de 3, c'est-à-dire un nombre exact de fois 3, sera divisible par 3. Par exemple, 54231 est divisible par 3, parce que ses chiffres 5, 4, 2, 3, 1 font 15, qui est 5 fois 3.

La même chose a lieu pour le nombre 9, si les chiffres ajoutés ensemble font 9, ou un multiple de 9.

Cette propriété du nombre 3 se démontre comme celle du nombre 9 à très-peu de chose près ; et l'un et l'autre se démontrent comme on l'a fait à la preuve de 9 (**75**).

Tout nombre terminé par un 5 ou par un zéro est divisible par 5.

A l'égard du nombre 7 et des suivants, quoiqu'il soit facile de trouver de pareilles règles, comme l'examen qu'elles supposent est aussi long que la division, il faudra essayer la division.

Proposons-nous, pour exemple, de réduire la fraction $\frac{2016}{5796}$. Je divise les deux termes par 2, parce que les deux derniers chiffres de chacun sont pairs, et j'ai $\frac{1008}{2898}$. Je divise encore par 2 et j'ai $\frac{504}{1449}$. Ce qui a été dit ci-dessus m'apprend que je puis diviser par 3 ; je divise en effet et j'ai $\frac{168}{483}$; je divise encore par trois, ce qui me donne $\frac{56}{161}$; enfin j'essaye de diviser par 7 ; la division réussit et donne $\frac{8}{23}$.

La raison pour laquelle nous prescrivons de ne tenter la division que par les nombres premiers 2, 3, 5, 7, etc., c'est qu'après avoir épuisé la division par 2, par exemple, il est inutile de tenter de diviser par 4, puisque si celle-ci pouvait réussir, à plus forte raison la division par 2 aurait-elle pu encore se faire.

95. De tous les moyens qu'on peut employer pour réduire une fraction à une expression plus simple, le plus direct est celui de diviser les deux termes par le plus grand diviseur commun qu'ils puissent avoir : voici la règle pour trouver ce plus grand diviseur.

Divisez le plus grand des deux termes par le plus petit; s'il n'y a point de reste, c'est le plus petit terme qui est le plus grand diviseur commun.

S'il y a un reste, divisez le plus petit terme par ce reste, et si la division se fait exactement, c'est ce premier reste qui est le plus grand diviseur commun.

Si cette seconde division donne un reste, divisez le premier reste par le second, et continuez toujours de diviser le reste précédent par le dernier reste jusqu'à ce que vous arriviez à une division exacte. Alors le dernier diviseur que vous aurez employé sera le plus grand diviseur des deux termes de la fraction.

Si le dernier diviseur se trouve être l'unité, c'est une preuve que la fraction ne peut être réduite.

Prenons pour exemple la fraction $\frac{3760}{9024}$.

Je divise 9024 par 3760; j'ai pour quotient 2, et pour reste 1504.

Je divise 3760 par 1504; j'ai pour quotient 2, et pour reste 752.

Je divise le premier reste 1504 par le second reste 752; la division réussit, et j'en conclus que 752 peut diviser les deux termes de la fraction $\frac{3760}{9024}$, et la réduire à sa plus simple expression qu'on trouve, en faisant l'opération, être $\frac{5}{12}$.

En effet, on a trouvé que 752 divise 1504; il doit donc diviser 3760 qu'on a vu être composé de deux fois 1504 et de 752; on voit de même qu'il doit diviser 9024, puisque 9024 est composé de deux fois 3760 et de 1504.

On voit de plus que 752 est le plus grand diviseur commun que puissent avoir 3760 et 9024; car il ne peut y avoir de diviseur commun entre 9024 et 3760 qui ne le soit en même temps de 3760 et 1504; et entre ces deux-ci, il ne peut y en avoir un qui ne soit en même temps diviseur commun de 1504 et de 752; mais il est évident qu'entre ces deux-ci il ne peut y avoir de diviseur commun plus grand que 752; donc, etc.

Différentes manières dont on peut envisager une Fraction, et conséquences qu'on peut en tirer.

96. L'idée que nous avons donnée jusqu'ici d'une fraction est que le dénominateur représente de combien de parties l'unité est composée; et le numérateur, combien il y a de ces parties dans la quantité que la fraction exprime.

On peut encore envisager une fraction sous un autre point de vue : on peut considérer le numérateur comme représentant une certaine quantité qui doit être divisée en autant de parties qu'il y a d'unités dans le dénominateur. Par exemple, dans $\frac{4}{5}$, on peut considérer 4 comme représentant quatre choses quelconques, 4 mètres par exemple, qu'il s'agit de partager en cinq parties; car il est évident que c'est la même chose de partager 4 mètres en cinq parties pour prendre une de ces parties, ou de partager 1 mètre en cinq parties pour prendre 4 de ces parties.

97. On peut donc considérer le numérateur d'une fraction comme un dividende, et le dénominateur comme un diviseur. On voit par là ce que signifient les restes de division mis sous la forme que nous leur avons donnée (**60**).

98. Il suit de là : 1° qu'un entier peut toujours être mis sous la forme d'une fraction, en faisant de cet entier le numérateur, et lui donnant l'unité pour dénominateur ; ainsi 8 ou $\frac{8}{1}$ sont la même chose ; 5 ou $\frac{5}{1}$ sont la même chose.

99. 2° Que pour convertir une fraction quelconque en décimales, il n'y a qu'à considérer le numérateur comme un reste de division où le dénominateur était diviseur, et opérer par conséquent, comme il a été dit (page 39), en observant de mettre d'abord un zéro au quotient pour tenir la place des unités ; c'est ainsi qu'on trouvera que $\frac{3}{5}$ valent en décimales 0,6 ; que $\frac{5}{9}$ valent 0,555, etc.; que $\frac{1}{25}$ vaut 0,04, et ainsi de suite.

C'est ainsi qu'on peut réduire en décimales, tout nombre complexe proposé. Par exemple, s'il s'agit de réduire 3 toises de Suède 5 pieds 8 pouces 7 lignes [1] en décimales de la toise, de manière à ne pas négliger une demi-ligne, j'observe que la toise de Suède contient 864 lignes, et par conséquent 1728 demi-lignes ; il faut donc, pour ne pas négliger les demi-lignes, porter l'exactitude au-delà des millièmes, c'est-à-dire jusqu'aux dix-millièmes.

Cela posé, je réduis les 5 pieds 8 pouces 7 lignes tout en lignes, et j'ai 823 lignes, ou $\frac{823}{864}$ de la toise ; réduisant cette fraction en décimales, comme il vient d'être dit, on a 0,9525, et par conséquent 3 toises 9525 pour le nombre proposé.

Des Opérations de l'arithmétique sur les Fractions.

100. On fait sur les fractions les mêmes opérations que sur les nombres entiers. Les deux premières opérations, l'addition et la soustraction, exigent le plus souvent une opération préparatoire ; les deux autres n'en exigent pas.

De l'Addition des Fractions.

101. Si les fractions ont le même dénominateur, on ajoutera tous

---

[1] *Voyez* à la fin du volume les subdivisions de la toise, ou *fàmn*, de Suède, et son rapport avec le mètre.

les numérateurs, et on donnera à la somme le dénominateur commun de ces fractions. Ainsi pour ajouter $\frac{2}{7}$, $\frac{3}{7}$, $\frac{5}{7}$, j'ajoute les numérateurs 2, 3 et 5, et j'ai par conséquent $\frac{10}{7}$ que je réduis à $1\frac{3}{7}$ (**85**).

102. Si les fractions n'ont pas le même dénominateur, on commencera par les y réduire par ce qui a été enseigné (**90** et **91**); après quoi on ajoutera ces nouvelles fractions de la manière qui vient d'être prescrite. Ainsi si l'on propose d'ajouter $\frac{3}{4}, \frac{2}{3}, \frac{4}{5}$, je change ces trois fractions en ces trois autres $\frac{45}{60}$, $\frac{40}{60}$, $\frac{48}{60}$, dont la somme est $\frac{133}{60}$, qui se réduit à $2\frac{13}{60}$ (**85**).

De la Soustraction des Fractions.

103. Si les deux fractions proposées ont le même dénominateur, on retranchera le numérateur de l'une du numérateur de l'autre, et on donnera au reste le dénominateur commun de ces deux fractions. S'il est question de retrancher $\frac{5}{9}$ de $\frac{8}{9}$, le reste sera $\frac{3}{9}$, qui se réduit à $\frac{1}{3}$ (**93**).

104. Si de $9\frac{5}{8}$ on voulait retrancher $4\frac{7}{8}$, comme on ne peut ôter $\frac{7}{8}$ de $\frac{5}{8}$, on emprunterait sur 9 une unité, laquelle, réduite en huitièmes et ajoutée à $\frac{5}{8}$, ferait $\frac{13}{8}$, desquels ôtant $\frac{7}{8}$, il resterait $\frac{6}{8}$; ôtant ensuite 4 de 8 qui restent après l'emprunt, il resterait en tout $4\frac{6}{8}$ ou $4\frac{3}{4}$.

105. Si les fractions n'ont pas le même dénominateur, on les y réduira (**90** et **91**), après quoi on fera la soustraction comme il vient d'être dit. Ainsi pour ôter $\frac{2}{3}$ de $\frac{3}{4}$, je change ces fractions en $\frac{8}{12}$ et $\frac{9}{12}$; et retranchant 8 de 9, il me reste $\frac{1}{12}$.

De la Multiplication des Fractions.

106. *Pour multiplier une fraction par une fraction, il faut multiplier le numérateur de l'une par le numérateur de l'autre, et le dénominateur par le dénominateur.* Par exemple, pour multiplier $\frac{2}{3}$ par $\frac{4}{5}$, on multipliera 2 par 4, ce qui donnera 8 pour numérateur; multipliant pareillement 3 par 5, on aura 15 pour dénominateur, et par conséquent $\frac{8}{15}$ pour le produit.

Pour sentir la raison de cette règle, il faut se rappeler que multiplier un nombre par un autre, c'est prendre le multiplicande autant de fois que le multiplicateur contient d'unités. Ainsi multiplier $\frac{2}{3}$ par $\frac{4}{5}$, c'est prendre $\frac{4}{5}$ de fois la fraction $\frac{2}{3}$, ou, plus exactement, c'est prendre 4 fois la cinquième partie de $\frac{2}{3}$: or en multipliant le dénominateur 3 par 5, on change les tiers en quinzièmes, c'est-à-dire

en parties 5 fois plus petites; et en multipliant le numérateur 2
par 4, on prend ces nouvelles parties 4 fois; on prend donc 4 fois
la cinquième partie de $\frac{2}{3}$: on multiplie donc en effet $\frac{2}{3}$ par $\frac{4}{5}$.

107. Si l'on avait un entier à multiplier par une fraction, ou une
fraction à multiplier par un entier, on mettrait l'entier sous la forme
de fraction, en lui donnant l'unité pour dénominateur; par exemple,
si j'ai 9 à multiplier par $\frac{4}{7}$, cela se réduit à multiplier $\frac{9}{1}$ par $\frac{4}{7}$, ce qui,
selon la règle qu'on vient de donner, produit $\frac{36}{7}$ qui se réduisent à $5\frac{1}{7}$.

On voit donc que pour multiplier une fraction par un entier, ou
un entier par une fraction, l'opération se réduit à multiplier le numérateur de cette fraction par l'entier.

108. S'il y avait des entiers joints aux fractions, il faudrait, avant
de faire la multiplication, réduire ces entiers chacun en fraction de
même espèce que celle qui l'accompagne; par exemple, si l'on a
$12\frac{3}{5}$ à multiplier par $9\frac{3}{4}$, je change **(86)** le multiplicande en $\frac{63}{5}$, et
le multiplicateur en $\frac{39}{4}$; et je multiplie $\frac{63}{5}$ par $\frac{39}{4}$, selon la règle ci-
dessus **(106)**, ce qui me donne $\frac{2457}{20}$ qui valent $122\frac{17}{20}$.

Division des Fractions.

109. *Pour diviser une fraction par une fraction, il faut renverser
les deux termes de la fraction qui sert de diviseur, et multiplier la
fraction dividende par cette fraction ainsi renversée.*

Par exemple, pour diviser $\frac{4}{5}$ par $\frac{2}{3}$, je renverse la fraction $\frac{2}{3}$, ce
qui me donne $\frac{3}{2}$; je multiplie $\frac{4}{5}$ par $\frac{3}{2}$, selon la règle donnée **(106)**,
et j'ai $\frac{12}{10}$ ou $1\frac{2}{10}$ pour le quotient de $\frac{4}{5}$ divisé par $\frac{2}{3}$.

Pour apercevoir la raison de cette règle, il faut observer que divi-
ser $\frac{4}{5}$ par $\frac{2}{3}$, c'est chercher combien de fois $\frac{4}{5}$ contiennent $\frac{2}{3}$; or, il
est facile de voir que, puisque le diviseur est 2 tiers, il sera contenu
dans le dividende trois fois autant que s'il était 2 entiers; donc il
faut diviser d'abord par 2 et multiplier ensuite par 3, ce qui n'est
autre chose que prendre trois fois la moitié du dividende, ou le multiplier par $\frac{3}{2}$ qui est la fraction diviseur renversée.

110. Si l'on avait une fraction à diviser par un entier, ou un entier à diviser par une fraction, on commencerait par mettre l'entier
sous la forme de fraction, en lui donnant l'unité pour dénominateur:
par exemple, si l'on a 12 à diviser par $\frac{5}{7}$, on réduira l'opération à
diviser $\frac{12}{1}$ par $\frac{5}{7}$, ce qui, selon la règle qu'on vient de donner, se
réduit à multiplier $\frac{12}{1}$ par $\frac{7}{5}$, et donne $\frac{84}{5}$ ou $16\frac{4}{5}$. Pareillement, si
l'on avait $\frac{3}{4}$ à diviser par 5, on réduirait l'opération à diviser $\frac{3}{4}$ par $\frac{5}{1}$,
c'est-à-dire à multiplier $\frac{3}{4}$ par $\frac{1}{5}$, ce qui donne $\frac{3}{20}$.

On voit donc que lorsqu'on a une fraction à diviser par un entier, l'opération se réduit à multiplier le dénominateur par cet entier.

111. S'il y avait des entiers joints aux fractions, on réduirait ces entiers chacun en fraction de même espèce que celle qui l'accompagne : par exemple, si l'on avait $54\frac{3}{5}$ à diviser par $12\frac{2}{3}$, on changerait le dividende en $\frac{273}{5}$, et le diviseur en $\frac{38}{3}$, et l'opération serait réduite à diviser $\frac{273}{5}$ par $\frac{38}{3}$, c'est-à-dire (**169**) à multiplier $\frac{273}{5}$ par $\frac{3}{38}$, ce qui donnerait $\frac{849}{100}$ ou $4\frac{59}{190}$.

Quelques applications des règles précédentes.

112. Après ce que nous avons dit (**96**), il est aisé de voir comment on peut évaluer une fraction. Qu'on demande, par exemple, ce que valent les $\frac{5}{7}$ d'une livre sterling. Puisque les $\frac{5}{7}$ d'une livre sont la même chose (**96**) que le septième de 5 livres, je réduis les 5 livres en shillings (**57**), et je divise les 100 shillings qu'elles me donnent par 7, ce qui me donne 14 shillings pour quotient et 2 shillings de reste ; je réduis ces 2 shillings en pences, et je divise 24 pences par 7, j'ai 3 pences $\frac{3}{7}$; ainsi les $\frac{5}{7}$ d'une livre sterling sont 14 shillings 3 pences et $\frac{3}{7}$ de penny [1].

Si l'on demandait les $\frac{5}{7}$ de 24 livres sterling, il est visible qu'on pourrait d'abord prendre, comme nous venons de le faire, les $\frac{5}{7}$ d'une livre, et multiplier ensuite par 24 ce qu'aurait donné cette opération; mais il est plus commode de multiplier d'abord $\frac{5}{7}$ par 24 livres, ce qui (**167**) donne $\frac{120}{7}$ livres, et d'évaluer ensuite cette dernière fraction qu'on trouvera valoir 17 livres 2 shillings 10 pences $\frac{2}{7}$.

113. Les fractions décimales n'ayant point de dénominateur sont encore plus faciles à évaluer : si l'on demande, par exemple, combien valent 0,532 de jour , comme le jour est de 24 heures, je multiplie 0,532 par 24, ce qui me donnera 12,768 heures, c'est-à-dire 12 heures et 0,768 d'heure ; multipliant cette dernière fraction par 60 pour évaluer en minutes, on aura 46,08 minutes, c'est-à-dire 46 minutes et 0,08 de minute; enfin, multipliant celle-ci par 60 pour réduire en secondes, on aura 4,8 secondes, ou 4 secondes et 0,8 de seconde, c'est-à-dire que la valeur de la fraction 0,532 de jour sera 12 heures 46 minutes 4 secondes et 0,8 de seconde.

114. L'évaluation des fractions nous conduit naturellement à parler des *fractions* de *fractions* : on appelle ainsi une suite de fractions séparées les unes des autres par l'article *de*; par exemple $\frac{2}{3}$ *de* $\frac{3}{4}$,

---

[1] On dit *pences* au pluriel et *penny* au singulier.

$\frac{2}{3}$ *de* $\frac{3}{4}$ *de* $\frac{5}{6}$, etc., sont des fractions de fractions. On les réduit à une seule fraction, en multipliant tous les numérateurs entre eux et tous les dénominateurs entre eux : en sorte que la fraction $\frac{2}{3}$ *de* $\frac{3}{4}$ se réduit à $\frac{6}{12}$ ou $\frac{1}{2}$; la fraction $\frac{2}{3}$ *de* $\frac{3}{4}$ *de* $\frac{5}{6}$ se réduit à $\frac{30}{72}$ ou $\frac{5}{12}$.

En effet, il est facile de voir que prendre les $\frac{2}{3}$ *de* $\frac{3}{4}$ n'est autre chose que multiplier $\frac{3}{4}$ par $\frac{2}{3}$, puisque c'est prendre $\frac{2}{3}$ de fois la fraction $\frac{3}{4}$. Pareillement prendre les $\frac{2}{3}$ *des* $\frac{3}{4}$ *de* $\frac{5}{6}$ revient à prendre les $\frac{6}{12}$ *de* $\frac{5}{6}$, puisque $\frac{2}{3}$ *de* $\frac{3}{4}$ reviennent à $\frac{6}{12}$; et ce qu'on vient de dire fait connaître que les $\frac{6}{12}$ *de* $\frac{5}{6}$ reviennent à $\frac{30}{72}$ ou $\frac{5}{12}$.

Si l'on demandait les $\frac{3}{4}$ *de* $5\frac{3}{8}$, on convertirait l'entier 5 en huitièmes, et la question serait réduite à évaluer la fraction de fraction $\frac{3}{4}$ *de* $\frac{43}{8}$, qu'on trouverait être $\frac{129}{32}$ ou $4\frac{1}{32}$.

Ajoutons à tout ce que nous avons dit sur les fractions un exemple qui renferme plusieurs des règles que nous avons établies.

Un ouvrier employé à l'heure a travaillé pendant 140 heures $\frac{2}{3}$; on lui en a payé 108 $\frac{3}{4}$, et l'on convient avec lui que le reste des heures de travail lui sera payé à la journée, au prix de 3 fr. pour la journée de 12 heures; on demande combien il lui revient.

De 140^h $\frac{2}{3}$, je retranche 108$\frac{3}{4}$ (**103** et suiv.), il me reste 31 ^{h} $\frac{11}{12}$ qui sont dues à l'ouvrier; je divise 31 $\frac{11}{12}$ par 12, c'est-à-dire $\frac{383}{12}$ par $\frac{12}{4}$ (**86** et **110**), j'ai pour quotient $\frac{383}{144}$ de journée, qui valent 2 journées et $\frac{95}{144}$; je multiplie 3 fr. par $\frac{383}{144}$ ou $\frac{383}{144}$ de fr. par 3, et je trouve qu'il revient à l'ouvrier 7 fr. 97 c.

115. Lorsqu'une fraction exprimée par des nombres un peu considérables n'est pas réductible par la méthode donnée (**95**), et qu'on peut se contenter d'en avoir une valeur approchée, on peut y parvenir par la méthode suivante qui donne alternativement des fractions plus grandes et plus petites que la proposée, mais toujours de plus en plus approchées, en sorte qu'à la dernière opération on retombe sur la fraction proposée. Prenons, par exemple, la fraction $\frac{100000}{314159}$, qui, comme on le verra en Géométrie, exprime le rapport très-approché du diamètre à la circonférence ; et proposons-nous d'exprimer cette fraction par d'autres fractions moins exactes, à la vérité, mais exprimées par des nombres plus simples.

Divisez le numérateur et le dénominateur par le numérateur, vous aurez

$$\cfrac{1}{3\frac{14159}{100000}} :$$ Pour avoir la première valeur approchée, négligez la fraction qui accompagne 3 et vous aurez 3 pour la première valeur approchée, mais un peu trop forte.

Pour avoir une valeur plus approchée, divisez le numérateur et le dénominateur de la fraction qui accompagne 3, chacun par le numérateur de cette fraction, et vous aurez

$$\cfrac{1}{3-\cfrac{1}{7\frac{887}{14159}}} ;$$

négligez la fraction qui accompagne 7 et vous aurez $\dfrac{1}{3\frac{1}{7}}$, ou (**86**) $\dfrac{1}{\frac{22}{7}}$, ou (**109**) $\frac{7}{22}$ pour seconde valeur, qui est plus approchée que la première, mais un peu trop faible.

Pour avoir une valeur encore plus approchée, divisez le numérateur et le dénominateur de la fraction qui accompagne 7, chacun par le numérateur de cette fraction, et vous aurez

$$\cfrac{1}{3\cfrac{1}{7\cfrac{1}{15\frac{854}{887}}}};$$

supprimez la fraction qui accompagne 15, et vous aurez

$$\cfrac{1}{3\cfrac{1}{7\cfrac{1}{15}}}$$

qui revient à $\frac{106}{333}$, valeur plus approchée, mais un peu trop forte.

Pour avoir une valeur encore plus approchée, divisez les deux termes de la fraction qui accompagne 15, chacun par le numérateur 854, et vous aurez

$$\cfrac{1}{3\cfrac{1}{7\cfrac{1}{15\cfrac{1}{1\frac{33}{854}}}}};$$

négligeant la fraction $\frac{33}{854}$, vous aurez pour valeur plus approchée $\frac{113}{355}$, mais qui est un peu trop faible. On voit à présent comment on peut continuer.

Des Nombres complexes dans le calcul des Poids, Mesures et Monnaies des pays étrangers.

116. Quoique les règles que nous avons exposées jusqu'ici, puissent servir aussi à calculer les nombres complexes, nous croyons cependant devoir considérer ceux-ci d'une manière plus particulière, parce que la division qu'on y fait de l'unité principale en facilite souvent le calcul.

Il y a plusieurs sortes de nombres complexes, et les règles pour les calculer tiennent beaucoup à la division qu'on a faite de l'unité : cependant il n'est pas nécessaire d'examiner toutes ces espèces pour être en état de les calculer ; mais il importe de savoir quels rapports leurs différentes parties ont tant entre elles qu'à l'égard de l'unité principale ; c'est par cette raison que nous donnons ici une table des nombres complexes dont nous allons faire usage dans les exemples de calcul : on trouvera à la fin de ce volume deux tables renfermant les nombres complexes employés le plus fréquemment dans les calculs auxquels donnent lieu les relations commerciales de la France avec l'étranger.

Table des Unités de quelques espèces, et caractères par lesquels on représente ces différentes Unités.

MONNAIES D'ANGLETERRE.

£ signifie. . . . livre sterling. | 1 livre sterling vaut. . . 20 shillings.
sh ou s. . . . . . shilling ou sou st. | 1 shilling. . . . . 12 pences,
p ou d. . . . . . penny ou denier st. |

MONNAIES DE BALE ET DE TOSCANE.

signifie. . . . . livre. | 1 livre vaut. . . . . . . 20 sous.
s . . . . sou. | 1 sou. . . . . 12 deniers.

MESURES DE LONGUEUR EN ANGLETERRE.

F ou т signifie. . . . fathom ou toise. | 1 toise ou fathom vaut. . 6 pieds.
p . . . . pied. | 1 pied. . . . . 12 pouces.
po. . . . . pouce. | 1 pouce. . . . . 12 lignes.
l . . . . ligne. |

EN SUÉDE.

F ou т signifie. . . . . fämn ou toise. | 1 toise ou fämn vaut. . . 6 pieds.
p . . . . pied. | 1 pied. . . . . 12 pouces.
po. . . . . pouce. | 1 pouce. . . . . 12 lignes.
l . . . . ligne. |

Si l'on avait à calculer des livres poids d'Espagne, de Bâle, d'Autriche, etc., on les indiquerait par le signe ℔, qui signifie *libra*, livre. Dans la division du temps la *minute*, s'indique par le signe ', et la *seconde* par le signe ''; on sait que le jour se divise en 24 heures, l'heure en 60 minutes, et la minute en 60 secondes.

Nous donnerons en Géométrie les divisions des mesures relatives aux superficies et aux capacités des corps.

Addition des Nombres complexes.

117. Pour faire cette opération, on écrit tous les nombres proposés les uns au-dessous des autres, de manière que toutes les parties d'une même espèce se trouvent chacune dans une même colonne verticale; et après avoir souligné le tout, on commence l'addition par les parties de l'espèce la plus petite; si leur somme ne compose pas une unité de l'espèce immédiatement supérieure, on l'écrit sous les unités de son espèce ; si elle renferme assez de parties pour composer une ou plusieurs unités de l'espèce immédiatement supérieure, on n'écrit, au-dessous de cette colonne, que l'excédant d'un nombre juste d'unités de cette seconde espèce, et on retient celles-ci pour les ajouter avec leurs semblables, sur lesquelles on procède de la même manière.

Exemple I.

On propose d'ajouter
(Monnaie de Bâle.)

$$227^\# \quad 14^s \quad 8^d$$
$$2549 \quad 18 \quad 5$$
$$184 \quad 11 \quad 11$$
$$17 \quad 10 \quad 7$$

$$\overline{2779^\# \quad 15^s \quad 7^d} \text{ somme.}$$

La somme des deniers est 31, qui renferme deux douzaines de deniers, ou 2 sous et 7 deniers ; je pose les 7 deniers, et je retiens 2 sous que j'ajoute avec les unités de sous, ce qui donne 15 sous, dont je pose seulement le chiffre 5, et je retiens la dizaine pour l'ajouter aux dizaines, ce qui me donne 5 ; et comme il faut deux dizaines de sous pour faire une livre, je prends la moitié de 5 qui est 2, avec un pour reste ; je pose ce reste, et je porte les 2 livres à la colonne des livres que j'ajoute comme à l'ordinaire.

Exemple II.

On propose d'ajouter

$$54^T \quad 2^p \quad 3^{po} \quad 9^l \quad \text{(de Suéde)}$$
$$15 \quad 5 \quad 4 \quad 11$$
$$9 \quad 4 \quad 11 \quad 11$$
$$8 \quad 2 \quad 9 \quad 10$$

$$\overline{85^T \quad 3^p \quad 6^{po} \quad 5^l}$$

La somme des lignes monte à 41, qui font 3 pouces 5 lignes ; je pose 5 lignes, et je retiens les 3 pouces que j'ajoute avec les pouces ; le tout me donne 30, qui valent 2 pieds 6 pouces ; je pose les 6 pouces, et je retiens les 2 pieds, qui, ajoutés avec les pieds, me donnent 15 pieds qui valent $2^T 3^p$; je pose les 3^p, et j'ajoute les deux toises avec les toises : le tout monte à 85, en sorte que la somme est $85^T 3^p 6^{po} 5^l$.

Soustraction des Nombres complexes.

118. Écrivez les nombres proposés comme dans l'addition, et commencez la soustraction par les unités de l'espèce la plus basse.

Si le nombre inférieur peut être retranché du nombre supérieur, écrivez le reste au-dessous. S'il ne peut en être retranché, empruntez sur l'espèce immédiatement supérieure une unité que vous réduirez à l'espèce dont il s'agit, et que vous ajouterez au nombre dont vous ne pouvez retrancher. Faites la même chose pour chaque espèce, et lorsque vous aurez été obligé d'emprunter, diminuez d'une unité le nombre sur lequel vous avez fait cet emprunt. Enfin, écrivez chaque reste, à mesure que vous le trouverez, au-dessous du nombre qui l'a donné.

Exemple I.

De.	143#	17ˢ	6ᵈ	(de Toscane)
on veut ôter.	75	12	9	
reste.	68#	4ˢ	9ᵈ	

Ne pouvant ôter 9ᵈ de 6ᵈ, j'emprunte 1ˢ qui vaut 12ᵈ, et 6 font 18, desquels ôtant 9, il reste 9 ; j'ôte ensuite 12ˢ, non pas de 17ˢ, mais de 16 qui restent après l'emprunt, et il reste 4 ; enfin je retranche 75 liv. de 143 liv., et il me reste 68 livres.

Exemple II.

De.	163#	0ˢ	5ᵈ	(de Toscane)
on veut ôter.	84	18	9	
reste.	78#	1ˢ	8ᵈ	

Comme je ne puis pas ôter 9ᵈ de 5ᵈ, et que d'ailleurs il n'y a pas de sous sur lesquels je puisse emprunter, j'emprunte 1 liv. sur 163 liv. ; mais j'en laisse, par la pensée, 19 sous à la place du zéro. après quoi j'opère comme ci-dessus.

Multiplication des Nombres complexes.

119. On peut réduire généralement la multiplication des nombres complexes à la multiplication d'une fraction par une fraction, multiplication dont nous avons donné la règle (**166**). Par exemple, si l'on demande ce que doivent coûter 54ᵀ anglaises 3ᵖ d'ouvrage, à raison de $42 £ 17$ sous 8 den. la toise ; on peut réduire le multiplicande $42 £ 17$ sous 8 den. tout en deniers (**57**), ce qui donnera 10292 deniers, et comme le denier est la 240ᵉ partie de la livre, le multiplicande peut être représenté par $\frac{10292}{240}$ de la livre ; pareillement on réduira le multiplicateur 54ᵀ 3ᵖ tout en pieds, ce qui donnera 327ᵖ ; et comme le pied est la sixième partie de la toise, on aura pour multiplicateur $\frac{327}{6}$ de toise; en sorte que la question est réduite à multiplier $\frac{10292}{240}$ par $\frac{327}{6}$ ce qui (**106**) donnera $\frac{3365484}{1440}$ de livre sterling, qui (**112**) valent 2337 £ 2 sous 10 den.

Cette méthode s'étend à toute espèce de nombres complexes, mais elle exige plus de calculs que celle que nous allons exposer, c'est pourquoi nous ne nous y arrêterons pas davantage.

120. Un nombre qui est contenu exactement dans un autre, est dit partie *aliquote* de cet autre : ainsi 3 est partie aliquote de 12 ; il en est de même de 2, de 4 et 6.

Rappelons-nous que multiplier n'étant autre chose que prendre le multiplicande un certain nombre de fois ; multiplier par 8 $\frac{3}{4}$, par exemple, c'est prendre le multiplicande 8 fois, et le prendre encore $\frac{3}{4}$ de fois, ou en prendre les $\frac{3}{4}$. Or on peut prendre ces $\frac{3}{4}$, ou en prenant d'abord le quart, et l'écrivant 3 fois, ou bien en prenant d'abord la moitié, et ensuite la moitié de cette moitié : ainsi, pour multiplier 84 par 8 $\frac{3}{4}$,

j'écrirais. 84
8 $\frac{3}{4}$
———
672
42
21
———
735 produit.

En multipliant 84 par 8, j'aurais d'abord 672. Ensuite pour prendre les $\frac{3}{4}$ de 84, je prendrais d'abord la moitié qui est 42; puis, pour prendre le quart restant, je prendrais la moitié de 42 qui est 21, et réunissant ces trois produits particuliers, j'aurais 735 pour le produit total.

121. Pour appliquer ceci aux nombres complexes, il faut remarquer que les différentes espèces d'unités au-dessous de l'unité principale, sont des fractions les unes à l'égard des autres, et à l'égard de cette unité principale; que par conséquent, pour multiplier facilement par ces sortes de nombres, il faut faire en sorte de les décomposer en parties aliquotes de l'unité principale, de manière que ces parties aliquotes puissent être employées commodément, ou de les décomposer en parties aliquotes les unes des autres; et si cette décomposition ne fournit que des parties aliquotes qui ne soient pas commodes dans le calcul, on y suppléera par de faux produits; c'est ce que nous allons développer dans les exemples suivants.

Exemple I.

On demande combien doivent coûter 54 ^{T} anglaises 3 ^{p} à raison de 72 £ la toise.

Il faut multiplier. . . . . .   72 $^£$
par. . . . . 54 ^{T} 3 ^{p}

$$288^£ \ 0^s \ 0^d$$
$$360$$
$$36$$
_____
$$3924^£ \ 0^s \ 0^d$$

On multipliera d'abord, selon les règles ordinaires, 72 liv. par 54. Ensuite pour multiplier par 3 ^{p}, qui sont la moitié de la toise, et qui par conséquent ne doivent donner que la moitié du prix de la toise, on prendra la moitié de 72 liv., et additionnant, on aura 3924 liv. sterling pour produit total.

Exemple II.

Si on avait . . . .   72 $^£$
à multiplier par. . . . . . 54 ^{T} 5 ^{p}

$$288^£ \ 0^s \ 0^d$$
$$360$$
$$36$$
$$24$$
_____
$$3948^£ \ 0^s \ 0^d$$

On multipliera d'abord 72 liv. par 54. Ensuite, au lieu de multiplier par $\frac{5}{6}$, parce que 5 pieds font les $\frac{5}{6}$ de la toise, on décomposera 5 ^{p}, en 3 ^{p} et 2 ^{p}, dont le premier est la moitié, et le second le $\frac{1}{3}$ de la toise; on prendra donc d'abord la moitié de 72 liv., et ensuite le $\frac{1}{3}$ de 72 liv., et on aura, en réunissant tous ces produits particuliers, 3948 liv. sterling pour produit total.

Exemple III.

Que l'on ait . . . .   72 $^£$
à multiplier par. . . . . . 5 ^{T} 4 ^{p} 8 ^{po}

$$360^£ \ 0^s \ 0^d$$
$$36$$
$$12$$
$$4$$
$$4$$
_____
$$416^£ \ 0^s \ 0^d$$

Après avoir multiplié par 5ᵀ, on multipliera par 4ᵖ, et pour cet effet, on décomposera ce nombre en 3ᵖ et 1ᵖ; pour 3ᵖ on prendra la moitié de 72 livres, qui est 36 liv.; et pour 1 pied, on remarquera que c'est le $\frac{1}{3}$ de 3 pieds, et par conséquent on prendra le $\frac{1}{3}$ de 36 liv., qui est 12 liv. Ensuite, pour multiplier par 8 pouces, au lieu de comparer ces 8 pouces à la toise, on les comparera au pied, et on les décomposera en 4 pouces et 4 pouces qui sont chacun le $\frac{1}{3}$ du pied, et qui par conséquent donneront chacun le $\frac{1}{3}$ de 12 liv. Enfin réunissant, on aura 416 livres sterling 0 sou 0 denier pour produit.

122. Si le multiplicande est aussi un nombre complexe, on se conduira comme il va être expliqué dans l'exemple suivant.

Exemple IV.

	£	s	d
Si l'on a	72	6	6
à multiplier par.	27ᵀ	4ᵖ	8ᵖᵒ

£	s	d	
504	0	0	
144			
6	15	0	
1	7	0	
0	15	6	
36	3	3	
12	1	1	
4	0	4	$\frac{1}{3}$
4	0	4	$\frac{1}{3}$
2009	0	6	$\frac{2}{3}$

On multipliera d'abord 72 liv. par 27. Ensuite, pour multiplier 6 sous par 27, on décomposera ces 6 sous en 5 sous et 1 sou. Les 5 sous faisant le quart de la livre, doivent, étant multipliés par 27, donner 27 fois le quart de la livre ou le quart de 27 liv.; on prendra donc le quart de 27 liv. qui est 6 liv. 15 sous. Pour multiplier 1 sou par 27, on remarquera qu'un sou est la cinquième partie de 5 qu'on vient de multiplier; ainsi on prendra le cinquième des 5 liv. 15 sous, qui sera 1 liv. 7 sous.

A l'égard des 6 deniers, on fera attention qu'ils sont la moitié d'un sou, et par conséquent on prendra la moitié de 1 liv. 7 sous qu'on a eue pour un sou.

Jusque-là tout le multiplicande est multiplié par 27.

Pour multiplier par 4 pieds, on s'y prendra de la même manière que dans l'exemple précédent, c'est-à-dire que pour les 4ᵖ on prendra d'abord pour 3ᵖ la moitié 36 liv. 3 sous 3 den. du multiplicande, et pour 1ᵖ le tiers de ce que donnent les 3ᵖ.

Enfin, pour 8ᵖ on prendra 2 fois pour 4, c'est-à-dire qu'on écrira 2 fois le tiers de ce qu'on vient d'avoir pour 1ᵖ; en réunissant toutes ces différentes parties, on aura 2009 liv. sterling 0 sou 6 den. $\frac{2}{3}$ pour produit total.

123. Jusqu'ici les parties du multiplicande qu'il a fallu prendre ont été assez faciles à évaluer; mais, dans les cas où ces parties seraient plus composées, on se conduirait comme dans l'exemple suivant.

Exemple V.

A raison de. . . . . . 34$^{£}$ 10^{s} 2^{d} la toise.
combien doivent coûter   17^{T}

$$
\begin{array}{rrr}
238^{£} & 0^{s} & 0^{d} \\
34 & & \\
8 & 10 & \\
0 & 17 & \\
0 & 2 & 10 \\
\hline
586^{£} & 12^{s} & 10^{d}
\end{array}
$$

Après avoir multiplié 34 liv. par 17, et ensuite les 10 sous par 17 en prenant moitié de 17, on multipliera 2 deniers qui sont la sixième partie d'un sou, et par conséquent la sixième partie de la dixième partie ou (114) la soixantième partie de dix sous; mais au lieu de prendre la soixantième partie de 8 liv. 10 sous, il sera plus commode de faire un faux produit, et de prendre d'abord le dixième de ce qu'ont donné 10 sous, c'est-à-dire le dixième de 8 liv. 10 sous; ce dixième, qui est 0 liv. 17 sous, est pour 1 sou; mais comme il ne faut que pour le sixième d'un sou, on barrera ce faux produit, et on écrira le sixième au-dessous.

Exemple VI.

Combien pour 34 liv. sterling 10 sous 2 den. fera-t-on faire d'ouvrage à raison de 1 liv. pour 17 toises?

Il faut multiplier 17 toises par 34 liv. 10 sous 2 den., c'est-à-dire prendre 17 toises autant de fois que la livre est contenue dans 34 liv. 10 sous 2 deniers.

17^T				
$34^£$	10^s	2^d		
68^T	0^p	0^{po}	0^l	0^{pts}
510				
8	3			
0	5	1	2	4 $\frac{4}{5}$
0	0	10	2	4 $\frac{4}{5}$
586^T	3^p	10^{po}	2^l	$4^{pts}\frac{4}{5}$

Ainsi on multipliera d'abord 17 toises par 34; ensuite, pour multiplier 17 toises par 10 sous, on prendra la moitié de 17 toises, parce que 10 sont la moitié de la livre, et on aura 8 toises 3 pieds. Pour multiplier par 2 deniers, on cherchera, pour plus de facilité, ce que donnerait 1 sou, en prenant le dixième de ce qu'ont donné 10 sous; ce dixième est 0 toise 5 pieds 1 pouce 2 lignes 4 points et $\frac{8}{10}$ ou $\frac{4}{5}$ de point; on le barrera comme ne devant pas faire partie du produit, mais on en prendra le sixième pour avoir le produit de 2 deniers, et on écrira au-dessous ce sixième, qui est 0 toise 0 pied 10 pouces 2 lignes 4 points et $\frac{24}{30}$ ou $\frac{4}{5}$.

Nous avons donné cet exemple, principalement pour confirmer ce que nous avons dit (**45**), qu'il importait de distinguer le multiplicande du multiplicateur, lorsqu'ils sont tous les deux concrets. En effet, dans l'exemple précédent, ainsi que dans celui-ci, les facteurs du produit sont également 17 toises et 34 livres 10 sous 2 deniers; cependant les deux produits sont différents.

Division d'un Nombre complexe par un Nombre incomplexe.

124. Si le dividende seul est complexe, et si en même temps le dividende et le diviseur ont des unités de différente espèce, on divisera d'abord les unités principales du dividende, selon la règle ordinaire; ce qui restera de cette division, on le réduira (**57**) en unités de la seconde espèce, qu'on ajoutera avec celles de même espèce, qui se trouveront dans le dividende, et on divisera le tout comme à l'ordinaire : on réduira pareillement le reste de cette division en unités de

5

la troisième espèce, auxquelles on ajoutera celles de la même espèce qui se trouveront dans le dividende, et on divisera le tout comme ci-dessus ; on continuera de réduire les restes en unités de l'espèce suivante, tant qu'il s'en trouvera d'inférieures dans le dividende.

Exemple.

On a donné 4783 livres sterling 3 sous 9 deniers pour le paiement de 87 toises anglaises d'ouvrage ; on demande à combien cela revient la toise?

$$
\begin{array}{r|l}
4783^{\pounds}\ 3^{\text{s}}\ 9^{\text{d}} & 87 \\
433 & \overline{54^{\pounds}\ 19^{\text{s}}\ 7^{\text{d}}} \\
85 & \\
\hline
1703^{\text{s}} & \\
833 & \\
50 & \\
\hline
609^{\text{d}} & \\
000 &
\end{array}
$$

Il faut diviser 4783 liv. sterl. 3 sous 9 deniers par 87, en commen-çant par les livres.

Les 4783 livres divisées par 87, selon la règle ordinaire, donneront 54 livres pour quotient, et 85 livres pour reste : ces 85 liv. réduites en sous (57) donneront avec les 3 sous du dividende 1703 sous, qui, divisés par 87, donneront 19 sous pour quotient, et 50 sous pour reste : ces 50 sous réduits en deniers donnent, avec les 9 deniers du dividende, 609 deniers, lesquels divisés par 87 donnent enfin 7 de-niers pour quotient.

125. Mais si le dividende et le diviseur ont des unités de même espèce, il faut, avant de faire la division, examiner si le quotient doit être ou ne pas être de même espèce qu'eux, ce que l'état de la ques-tion décide toujours.

126. Dans le cas où le dividende et le diviseur étant de même espèce, le quotient devra aussi être de même espèce qu'eux, la divi-sion se fera précisément comme dans le cas précédent ; par exemple, si l'on proposait cette question : 1243 liv. toscanes ont produit un bénéfice de 7254 livres ; à combien cela revient-il par livre? Il est évident que le quotient doit avoir des unités de même espèce que le dividende et le diviseur, c'est-à-dire, doit être des livres, et qu'on doit diviser 7254 livres par 1245, en réduisant, comme dans l'exemple précédent, le reste de cette division en sous, et le second reste en deniers, et on trouvera 5 livres 16 sous 8 deniers $\frac{760}{1243}$ pour réponse à la question.

127. Mais, lorsque le dividende et le diviseur étant de même espèce, le quotient devra être d'espèce différente, alors il faudra commencer par réduire (**57**) le dividende et le diviseur chacun à la plus petite espèce qui soit dans le dividende ; après quoi on fera la division comme dans le cas précédent, et on y traitera les unités du dividende comme si elles étaient de même espèce que celles que doit avoir le quotient ; par exemple, si l'on proposait cette question : combien pour 7954 livres sterling 11 sous 7 deniers fera-t-on faire d'ouvrage à raison de 72 livres la toise ? Il est clair, par la nature de la question, que le quotient doit être des toises et parties de toise. On réduira donc 7954 livres 11 sous 7 deniers tout en deniers, ce qui donnera 1909099 ; on réduira pareillement 72 livres en deniers, et on aura 17280 ; on divisera 1909099 considéré comme des toises par 17280, et on aura pour quotient 110 toises 2 pieds 10 pouces 6 lignes $\frac{19}{20}$.

Division d'un Nombre complexe par un Nombre complexe.

128. Lorsque le diviseur est aussi un nombre complexe, il faut le réduire à sa plus petite espèce (**57**), multiplier le dividende par le nombre qui exprime combien il faut de parties de la plus petite espèce du diviseur pour composer l'unité principale de ce même diviseur ; alors la division sera réduite au cas précédent où le diviseur était incomplexe.

Exemple.

57 toises anglaises 5 pieds 5 pouces d'ouvrage ont été payés 854 livres sterling 17 sous 11 deniers ; on demande à combien cela revient la toise ? Il faut diviser 854 livres 17 sous 11 deniers par 57 toises 5 pieds 5 pouces, et pour cet effet je réduis les 57 toises 5 pieds 5 pouces en pouces, ce qui me donne 4169 pour nouveau diviseur ; et comme il faut 72 pouces pour faire la toise, qui est l'unité principale du diviseur, je multiplie le dividende proposé 854 livres 17 sous 11 deniers par 72 (**121**), ce qui me donne 61552 livres

10 sous pour nouveau dividende, en sorte que je divise comme il suit :

$$
\begin{array}{r|l}
61552^{\ell}\,10^{s} & 4169 \\
19862 & 14^{\ell}\,15^{s}\,3^{d}\,\frac{1833}{4169} \\
3186 & \\
\hline
63730^{s} & \\
22040 & \\
1195 & \\
\hline
14340^{d} & \\
1833 & \\
\end{array}
$$

Les 61552 livres divisées par 4169 donnent 14 livres pour quotient, et 3186 pour reste. Ces 3186 livres réduites en sous donnent, avec les 10 sous du dividende, 63730 sous qui, divisés par 4169, donnent 15 sous pour quotient, et 1195 sous de reste. Ces 1195 sous réduits en deniers valent 14340 deniers, lesquels, divisés par 4169, donnent 3 deniers pour quotient, et 1833 deniers pour reste ; en sorte que le quotient est 14 livres 15 sous 3 deniers $\frac{1833}{4169}$ de denier.

Pour entendre la raison de cette règle, il faut faire attention que les 57 toises 5 pieds 5 pouces valent 4169 pouces, et, le pouce étant la soixante-douzième partie de la toise, le diviseur est $\frac{4169}{72}$ de la toise : or, pour diviser par une fraction, il faut (**109**) renverser la fraction diviseur, et multiplier ensuite par cette fraction ainsi renversée ; il faut donc ici multiplier par $\frac{72}{4169}$; ce qui revient à multiplier d'abord par 72, et à diviser ensuite par 4169, ainsi que le prescrit la règle que nous donnons.

Comme la division par un nombre complexe se réduit, ainsi qu'on vient de le voir, à la division par un nombre incomplexe, on doit avoir ici les mêmes attentions à l'égard de la nature des unités que nous avons eues (**126** et **127**).

Ce serait ici le lieu de parler du toisé ou de la multiplication et de la division géométriques ; ces opérations ne diffèrent en rien, pour le procédé, de celles que nous venons d'exposer, en sorte qu'il n'y aurait ici d'autre chose à ajouter que d'expliquer quelle est la nature des unités, des facteurs et du produit ; mais cela appartient à la Géométrie. Nous remettrons donc à en parler, jusqu'à ce que nous soyons arrivés à la Géométrie.

De la formation des Nombres carrés, et de l'extraction de leur Racine.

129. On appelle *carré* d'un nombre le produit qui résulte de la multiplication de ce nombre par lui-même ; ainsi 25 est le carré de 5, parce que 25 résulte de la multiplication de 5 par 5.

130. La *racine carrée* d'un nombre proposé est le nombre qui, multiplié par lui-même, reproduirait ce même nombre proposé : ainsi 5 est la racine carrée de 25 ; 7 est la racine carrée de 49.

131. Un nombre que l'on carre est donc tout à la fois multiplicande et multiplicateur : il est donc deux fois facteur (**42**) du produit ; c'est pour cela qu'on appelle aussi ce produit ou carré la *seconde puissance* de ce nombre.

Il ne faut d'autre art pour carrer un nombre que de le multiplier par lui-même selon les règles ordinaires de la multiplication ; mais pour extraire la racine carrée d'un nombre, c'est-à-dire pour revenir du carré à la racine, il faut une méthode, du moins lorsque le nombre ou carré proposé a plus de deux chiffres.

Lorsque le nombre proposé n'a qu'un ou deux chiffres, sa racine, en nombre entier, est quelqu'un des nombres

$$1, 2, 3, 4, 5, 6, 7, 8, 9,$$

dont les carrés sont,

$$1, 4, 9, 16, 25, 36, 49, 64, 81.$$

Ainsi, la racine carrée de 72, par exemple, est 8 en nombre entier, parce que 72 étant entre 64 et 81, sa racine est entre les racines de ceux-ci, c'est-à-dire entre 8 et 9 ; elle est 8 et une fraction, fraction qu'à la vérité on ne peut pas assigner exactement, mais dont on peut approcher continuellement, ainsi que nous le verrons dans peu.

132. La racine carrée d'un nombre qui n'est point un carré parfait s'appelle un nombre *sourd*, ou *irrationnel*, ou *incommensurable*.

133. Venons aux nombres qui ont plus de deux chiffres.

C'est en observant ce qui se passe dans la formation du carré que nous trouverons la méthode qu'on doit suivre pour revenir à la racine.

Pour carrer un nombre tel que 54, par exemple,

$$
\begin{array}{r}
54 \\
54 \\
\hline
216 \\
270 \\
\hline
2916
\end{array}
$$

après avoir écrit le multiplicande et le multiplicateur, comme on le voit ici, nous multiplions comme à l'ordinaire le 4 supérieur par le 4 inférieur, ce qui fait évidemment le *carré des unités*.

Nous multiplions ensuite le 5 supérieur par le 4 inférieur, ce qui fait le *produit des dizaines par les unités*.

Nous passons, après cela, au second chiffre du multiplicateur, et nous multiplions le 4 supérieur par le 5 inférieur; ce qui fait le produit des unités par les dizaines, ou (**44**) *le produit des dizaines par les unités*.

Enfin nous multiplions le 5 supérieur par le 5 inférieur, ce qui fait *le carré des dizaines.*

Nous ajoutons ces produits, et nous avons pour carré le nombre 2916 que nous voyons donc être composé *du carré des dizaines, plus deux fois le produit des dizaines par les unités, plus le carré des unités* du nombre 54.

134. Ce que nous venons d'observer, étant une conséquence immédiate des règles de la multiplication, n'est pas plus particulier au nombre 54 qu'à tout autre nombre composé de dizaines et d'unités; en sorte qu'on peut dire généralement que le carré de tout nombre composé de dizaines et d'unités renfermera les trois parties que nous venons d'énoncer, savoir : le carré des dizaines de ce nombre, deux fois le produit des dizaines par les unités, et le carré des unités.

135. Cela posé, comme le carré des dizaines est des centaines (puisque 10 fois 10 font 100), il est visible que ce carré des dizaines ne peut faire partie des deux derniers chiffres du carré total.

Pareillement le produit du double des dizaines multipliées par les unités, étant nécessairement des dizaines, ne peut faire partie du dernier chiffre du carré total.

136. Donc, pour revenir du carré 2916 à sa racine, on peut raisonner ainsi :

Exemple I.

2916 | 54 racine.
416
104
———
000

Commençons par trouver les dizaines de cette racine : or, la formation du carré nous apprend qu'il y a, dans 2916, le carré de ces dizaines, et que ce carré ne peut faire partie des deux derniers chiffres : il est donc dans 29; et comme la racine carrée de 29 ne peut être plus de 5, concluons-en que le nombre des dizaines de la racine est 5, et portons-les à côté de 2916, comme on le voit ci-dessus.

Je carre 5, et je retranche le produit 25 de 29; il me reste 4, à côté duquel j'abaisse les deux autres chiffres 16 du nombre proposé 2916.

Pour trouver maintenant les unités de la racine, je fais attention à ce que renferme le reste 416; il ne contient plus que deux parties du carré, savoir : le double des dizaines de la racine multipliées par les unités, et le carré des unités de cette même racine. De ces deux parties, la première suffit pour nous faire trouver les unités que nous cherchons : car, puisqu'elle est formée du double des dizaines multipliées par les unités, si on la divise par le double des dizaines que nous connaissons, elle doit (74) donner pour quotient les unités. Il ne s'agit donc plus que de savoir dans quelle partie de 416 est renfermé ce double des dizaines multipliées par les unités; or nous avons remarqué ci-dessus qu'il ne pouvait faire partie du dernier chiffre : il est donc dans 41. Il faut donc diviser 41 par le double 10 des dizaines trouvées; j'écris donc sous 41 le double 10 des dizaines, et, faisant la division, le quotient 4 que je trouve est le nombre des unités, que je porte à la droite des 5 dizaines trouvées; en sorte que la racine cherchée est 54.

Mais il faut observer que, quoique le quotient 4 que nous venons de trouver soit en effet celui qui convient, cependant il peut arriver quelquefois que le quotient trouvé de cette manière soit plus fort qu'il ne convient, parce que 41 (c'est-à-dire la partie qui reste après la séparation du dernier chiffre) renferme non-seulement le double des dizaines multiplié par les unités, mais encore les dizaines provenant du carré des unités; c'est pourquoi, pour n'avoir aucun doute sur le chiffre des unités, il faut employer la vérification suivante.

Après avoir trouvé le chiffre 4 des unités, et l'avoir écrit à la racine, je le porte à côté du double 10 des dizaines, ce qui fait 104, dont je multiplie successivement tous les chiffres par le même nombre 4, et je retranche les produits successifs des parties correspondantes de 416 ; comme il ne reste rien, j'en conclus que la racine est en effet 54.

S'il restait quelque chose, la racine n'en serait pas moins la vraie racine en nombres entiers, à moins que ce reste ne fût plus grand que le double de la racine, augmenté de l'unité ; mais c'est ce qu'on n'a point à craindre quand on prend le quotient toujours au plus fort.

La vérification que nous venons d'enseigner est fondée sur la formation même du carré : car, quand on multiplie 104 par 4, il est évident qu'on forme le carré des unités et le double des dizaines multiplié par les unités, c'est-à-dire ce qui complète le carré parfait.

137. De ce que nous venons de dire, il faut conclure que pour extraire la racine carrée d'un nombre qui n'a pas plus de quatre chiffres, ni moins de trois, il faut, après en avoir séparé deux sur la droite, chercher la racine carrée de la tranche qui reste à gauche ; cette racine sera le nombre des dizaines de la racine totale cherchée, et on l'écrira à côté du nombre proposé, en l'en séparant par un trait.

On soustraira de cette même tranche le carré de la racine qu'on vient de trouver, et, après avoir écrit le reste au-dessous de cette tranche, on abaissera à côté de ce reste les deux chiffres qu'on avait séparés.

On séparera par un point le chiffre des unités de la tranche qu'on vient d'abaisser, et on divisera ce qui se trouvera sur la gauche par le double des dizaines qu'on écrira au-dessous.

On écrira le quotient à côté du premier chiffre de la racine, et on le portera ensuite à côté du double des dizaines qui a servi de diviseur.

Enfin on multipliera par ce même quotient tous les chiffres qui se trouveront sur cette dernière ligne, et on retranchera leurs produits, à mesure qu'on les trouvera, des chiffres qui leur correspondent dans la ligne au-dessus.

Achevons d'éclaircir ceci par un exemple.

Exemple II.

On demande la racine carrée de 7569.

7 5.6 9 | 87 racine.
1 1 6.9
1 6 7
―――――
0 0 0

Je sépare les deux chiffres 69, et je cherche la racine carrée de 75 ; elle est 8 ; j'écris 8 à côté ; je carre 8, et je retranche de 75 le carré 64 ; il me reste 11, que j'écris au-dessous de 75, et j'abaisse à côté de ce même 11 les chiffres 69 que j'avais séparés.

Je sépare, dans 1169, le dernier chiffre 9, pour avoir dans 116 la partie que je dois diviser pour trouver les unités.

Je forme mon diviseur, en doublant les 8 dizaines que j'ai trouvées, et j'écris ce diviseur au-dessous de 116 ; la division me donne pour quotient 7, que j'écris à la racine, à la droite de 8.

Je porte aussi ce quotient à côté du diviseur 16 ; je multiplie 167, qui forme la dernière ligne, par ce même quotient 7, et je retranche les produits, à mesure que je les trouve, de 1169 : il ne reste rien, ce qui prouve que 7569 est un carré parfait, et le carré de 87.

138. Il faut bien remarquer qu'on ne doit diviser par le double des dizaines que la seule partie qui reste à gauche, après qu'on a séparé le dernier chiffre ; en sorte que, si elle ne contenait pas le double des dizaines, il ne faudrait pas pour cela employer le chiffre séparé : on mettrait 0 à la racine. Si au contraire on trouvait que le double des dizaines y est plus de 9 fois, on ne mettrait cependant pas plus de 9 ; la raison en est la même que pour la division (**66**).

139. Après avoir bien compris ce que nous venons de dire sur la racine carrée des nombres qui n'ont pas plus de 4 chiffres, on saisira facilement ce qu'il convient de faire lorsque le nombre des chiffres est plus grand. De quelque nombre de chiffres que la racine doive être composée, on peut toujours la concevoir composée de deux parties, dont l'une soit des dizaines, et l'autre des unités ; par exemple, 874 peut être considéré comme représentant 87 dizaines et 4 unités.

Cela posé, quand on a trouvé les deux premiers chiffres de la racine par la méthode qu'on vient d'exposer, on peut aussi trouver le troisième par la même méthode, en considérant ces deux premiers chiffres comme ne faisant qu'un seul nombre de dizaines, et leur appliquant, pour trouver le troisième, tout ce qui a été dit du premier pour trouver le second.

Pareillement, quand on aura trouvé les trois premiers chiffres, s'il doit y en avoir un quatrième, on considérera les trois premiers comme ne faisant qu'un seul nombre de dizaines, auquel on appliquera, pour trouver le quatrième, le même raisonnement qu'on appliquait aux deux premiers pour trouver le troisième, et ainsi de suite.

Mais, pour procéder avec ordre, il faut commencer par partager le nombre proposé en tranches de deux chiffres chacune, en allant de droite à gauche; la dernière pourra n'en contenir qu'un.

La raison de cette préparation est fondée sur ce que, considérant la racine comme composée de dizaines et d'unités, il faut, suivant ce qui a été dit ci-dessus (**135** et suiv.), commencer par séparer les deux derniers chiffres sur la droite, pour avoir, dans la partie qui reste à gauche, le carré des dizaines; mais comme cette partie est elle-même composée de plus de deux chiffres, un raisonnement semblable conduit à en séparer encore deux sur la droite, et ainsi de suite.

Donnons un exemple de cette opération.

Exemple III.

On demande la racine carrée de 76807696

$$
\begin{array}{r|l}
7\,6.8\,0.7\,6.9\,6 & 8764 \\
4\,2\,8.0 & \\
\hline
1\,6\,7 & \\
\hline
4\,1\,1\,7.6 & \\
1\,7\,4\,6 & \\
\hline
7\,0\,0\,9.6 & \\
1\,7\,5\,2\,4 & \\
\hline
0\,0\,0\,0\,0 &
\end{array}
$$

Après avoir partagé le nombre proposé en tranches de deux chiffres chacune, en allant de droite à gauche, je cherche quelle est la racine carrée de la tranche 76, qui est le plus à gauche : je trouve qu'elle est 8, et j'écris 8 à côté du nombre proposé ; je carre 8, et je retranche le carré 64 de 76 ; j'ai pour reste 12, que j'écris au-dessous de 76 ; à côté de ce reste j'abaisse la tranche 80, dont je sépare le dernier chiffre par un point, et, au-dessous de la partie 128, j'écris 16, double de la racine trouvée ; puis, disant : en 128 combien de fois 16 ? je trouve qu'il y est 7 fois : j'écris 7 à la suite de la racine 8, et à côté du double 16 ; je multiplie 167 par ce même nombre 7, et je retranche de 1280 le produit de cette multiplication ; il me reste 111, à côté duquel j'abaisse la tranche 76, ce qui forme 11176 ; je sépare le dernier chiffre 6 de ce nombre, et, sous la partie 1117 qui reste à gauche, j'écris 174, le double de la racine 87 ; je divise 1117 par 174, et, ayant trouvé 6 pour quotient, j'écris 6 à la racine et à côté du double 174 ; je multiplie 1746 par ce même nombre 6, et je retranche de 11176, il reste 700 ; à côté de ce reste, j'abaisse 96, dont je sépare le dernier chiffre ; au-dessous de 7009 qui reste à gauche, j'écris 1752, double de la racine trouvée 876, et, divisant 7009 par 1752, je trouve pour quotient 4, que j'écris à la racine et à côté du double 1752. Je multiplie 17524 par ce même nombre 4, et je retranche de 70096, il ne reste rien ; ainsi la racine carrée de 76807696 est exactement 8764.

140. Lorsque le nombre proposé n'est point un carré parfait, il y a un reste à la fin de l'opération, et la racine carrée qu'on a trouvée est la racine carrée du plus grand carré contenu dans le nombre proposé : alors il n'est pas possible d'extraire la racine carrée exactement ; mais on peut en approcher si près qu'on le juge à propos, c'est-à-dire de manière que l'erreur qui en résulterait dans le carré soit au-dessous de telle quantité qu'on voudra.

Cette approximation se fait commodément par le moyen des décimales. Il faut concevoir à la suite du nombre proposé deux fois autant de zéros qu'on voudra avoir de décimales à la racine, faire l'opération comme à l'ordinaire, et séparer ensuite par une virgule, sur la droite de la racine, moitié autant de décimales qu'on a mis de zéros à la suite du nombre proposé. En effet (**54**) le produit de la multiplication devant avoir autant de décimales qu'il y en a dans les deux facteurs ensemble, le carré (dont les deux facteurs sont égaux) doit donc en avoir le double de ce qu'a l'un des facteurs, c'est-à-dire le double de ce que doit avoir la racine.

Exemple.

On demande la racine carrée de 87567 à moins d'un millième près.

Pour faire des millièmes il faut trois décimales : il faut donc mettre six zéros au carré 87567 ; ainsi il faut tirer la racine carrée de 87567000000.

```
8.7 5.6 7.0 0.0 0.0 0 | 295917
4 7.5
  4 9
─────────────
    3 4 6.7
      5 8 5
    ─────────────
        5 4 2 0.0
          5 9 0 9
        ─────────────
            1 0 1 9 0.0
              5 9 1 8 1
            ─────────────
                4 2 7 1 9 0.0
                  5 9 1 8 2 7
                ─────────────
                    1 2 9 1 1 1
```

En faisant l'opération comme dans les exemples précédents, on trouve pour racine carrée, à moins d'une unité près, le nombre 295917 ; cette racine est celle de 87567000000 ; mais, comme il s'agit de celle de 87567 ou de 87567,000000, je sépare moitié autant de décimales dans la racine que j'ai mis de zéros au carré, ce qui me donne 295,917 pour la racine carrée de 87567, à moins d'un millième près.

Pareillement, si l'on demande la racine carrée de 2 à moins d'un dix-millième près, on tirera la racine carrée de 200000000 qu'on trouvera être 14142 ; séparant les quatre chiffres de la droite par une virgule, on aura 1,4142 pour la racine carrée de 2, approchée à moins d'un dix-millième près.

141. On a vu (**106**) que pour multiplier une fraction par une fraction, il fallait multiplier numérateur par numérateur et dénominateur par dénominateur ; par conséquent, pour carrer une fraction, il faut carrer le numérateur et le dénominateur ; ainsi le carré de $\frac{2}{3}$ est $\frac{4}{9}$, celui de $\frac{4}{5}$ est $\frac{16}{25}$.

142. Donc réciproquement, pour tirer la racine carrée d'une fraction, il faut tirer la racine carrée du numérateur et celle du dénominateur; ainsi la racine carrée de $\frac{9}{16}$ est $\frac{3}{4}$, parce que celle de 9 est 3, et celle de 16 est 4.

143. Mais il peut arriver que le numérateur ou le dénominateur, ou tous les deux, ne soient point des carrés parfaits; s'il n'y a que le numérateur qui ne soit point un carré, on en tirera la racine approchée par la méthode qu'on vient d'exposer, et, ayant tiré la racine du dénominateur, on la donnera pour dénominateur à la racine du numérateur; ainsi, si l'on demande la racine de $\frac{2}{9}$, on tirera la racine approchée du numérateur 2 qu'on trouvera 1,4 ou 1,41 ou 1,414 ou 1,4142, etc., selon qu'on voudra en approcher plus ou moins; et comme la racine carrée de 9 est 3, on aura pour racine approchée de $\frac{2}{9}$ la quantité $\frac{1,4}{3}$ ou $\frac{1,41}{3}$ ou $\frac{1,414}{3}$ ou $\frac{1,4142}{3}$, etc.,

Mais si le dénominateur n'est pas un carré, on multipliera les deux termes de la fraction par ce même dénominateur, ce qui ne changera rien à la valeur de la fraction, et rendra ce dénominateur carré; alors on opérera comme dans le cas précédent. Par exemple, si l'on demande la racine carrée de $\frac{3}{5}$, on changera cette fraction en $\frac{15}{25}$; tirant la racine carrée de 15, jusqu'à 3 décimales par exemple, on aura 3,872; et comme la racine carrée de 25 est 5, la racine carrée de $\frac{15}{25}$ sera $\frac{3,872}{5}$.

144. Pour ne pas avoir plusieurs sortes de fractions à la fois, on réduira le résultat $\frac{3,872}{5}$, uniquement en décimales, en divisant 3,872 par 5, ce qui donnera 0,774 pour la racine de $\frac{3}{5}$ exprimée purement en décimales (**99**).

145. Enfin si l'on avait des entiers joints à des fractions, on réduirait ces entiers en fractions (**86**), et on opérerait comme il vient d'être dit pour une fraction. Ainsi, pour tirer la racine carrée de $8\frac{3}{7}$, on changerait $8\frac{3}{7}$ en $\frac{59}{7}$, et celle-ci (**143**) en $\frac{413}{49}$, dont on trouverait que la racine approchée est $\frac{20,322}{7}$ ou 2,903.

146. On peut aussi réduire en décimales la fraction qui accompagne l'entier; mais il faut observer d'y employer un nombre de décimales pair et double de celui qu'on veut avoir de la racine; parce que le produit de la multiplication de deux nombres qui ont des décimales, devant avoir autant de décimales qu'il y en a dans les deux facteurs (**54**), le carré d'un nombre qui a des décimales doit en avoir deux fois autant que ce nombre. En appliquant cette méthode à $8\frac{3}{7}$, on le transforme en 8,428571 (**99**), dont la racine est 2,903, comme ci-dessus.

147. Si l'on avait à tirer la racine carrée d'une quantité décimale, il faudrait avoir soin de rendre le nombre des décimales pair, s'il ne l'est pas; ce qui se fera en mettant à la suite de ces décimales 1 ou 3

ou 5, etc., zéros; cela n'en change pas la valeur (**30**). Ainsi, pour tirer la racine carrée de 21,935 à moins d'un millième près, je tire la racine carrée de 21,935000 qui est 4,683; c'est aussi celle de 21,935. On trouvera de même que celle de 0,542 est à moins d'un millième près 0,736, et que celle de 0,0054 est à moins d'un millième près 0,073.

148. Quand on a trouvé, par la méthode qui vient d'être exposée, les trois premiers chiffres de la racine, on peut en avoir plusieurs autres avec plus de facilité et de promptitude, par la division seule, en cette manière.

Prenons pour exemple 763703556823. Je commence par chercher les trois premiers chiffres de la racine, par la méthode ci-dessus : je trouve 873 pour cette racine, et 1574 pour reste; je mets à côté de ce reste les deux chiffres 55 qui suivent la partie 763703 qui a donné les trois premiers chiffres. Je mettrais les trois chiffres suivants si j'avais quatre chiffres de la racine, quatre si j'en avais 5, et ainsi de suite; je divise 157455 que j'ai alors par le double 1746 de la racine, je trouve pour quotient 90 ; ce sont deux nouveaux chiffres à mettre à la suite de la racine, qui, par là, devient 87390. Je carre cette racine et je retranche son carré 7637012100, de la partie 7637035568, dont 87390 est la racine; il me reste 23468.

Si je veux avoir de nouveaux chiffres à la racine, comme j'en ai déjà cinq, je puis par la seule division en trouver 4; je mettrai, pour cet effet, à la suite du reste 23468, les deux chiffres restants 23 du nombre proposé et deux zéros, et divisant 234682300 par le double 174780 de la racine trouvée, j'aurai 1342 pour les quatre nouveaux chiffres que je dois joindre à la racine; mais, en partageant le nombre proposé en tranches de la manière qui a été dite ci-dessus, on voit que sa racine ne doit avoir que six chiffres pour les nombres entiers: donc cette racine est 873901,342, à moins d'un millième près.

On peut le plus souvent pousser chaque division jusqu'à un chiffre de plus, c'est-à-dire jusqu'à autant de chiffres qu'on en a déjà à la racine; mais il y a quelques cas, rares à la vérité, où l'erreur sur le dernier chiffre pourrait aller jusqu'à cinq unités; au lieu qu'en se bornant à un chiffre de moins, comme nous venons de le faire, on n'a jamais à craindre même une unité d'erreur sur le dernier chiffre.

Si après avoir trouvé les premiers chiffres de la racine par la méthode ordinaire, ce qui reste après l'opération faite se trouvait égal au double de ces premiers chiffres, il faudrait, pour éviter tout embarras, en déterminer encore un par la méthode ordinaire; après quoi on trouverait les autres par la méthode abrégée que nous venons d'exposer, qui, comme on le voit assez, s'applique également aux décimales.

Si la racine devait avoir des zéros parmi ses chiffres intermédiaires, dans le cas où ces zéros seraient du nombre des chiffres qu'on détermine par la division, il peut arriver, s'ils doivent être les premiers chiffres du quotient, qu'on ne s'en aperçoive pas, parce que dans la division on ne marque pas les zéros qui doivent précéder sur la gauche du quotient; le moyen de le distinguer est de faire attention qu'on doit avoir toujours autant de chiffres au quotient qu'on en a mis à la suite du reste; et par conséquent, quand il y en aura moins, il en faudra compléter le nombre par des zéros placés sur la gauche de ce quotient.

Au reste, l'abrégé que nous venons d'exposer est une suite de ce principe général, qu'il est aisé de déduire de ce qu'on a vu (**134**); savoir que le carré d'une quantité quelconque composée de deux parties renferme le carré de la première partie, deux fois la première partie multipliée par la seconde et le carré de la seconde.

De la formation des Nombres cubes, et de l'extraction de leur Racine.

149. Pour former ce qu'on appelle le *cube* d'un nombre, il faut d'abord multiplier ce nombre par lui-même, et multiplier ensuite, par ce même nombre, le produit résultant de cette première multiplication.

Ainsi le cube d'un nombre est, à proprement parler, le produit du carré d'un nombre multiplié par ce même nombre : 27 est le cube 3, parce qu'il résulte de la multiplication de 9 (carré de 3) par le même nombre 3.

Le nombre que l'on cube est donc trois fois facteur dans le cube ; c'est pour cette raison que le cube est aussi nommé *troisième puissance* ou *troisième degré* de ce nombre.

150. En général, on dit qu'un nombre est élevé à la seconde, troisième, quatrième, cinquième, etc., puissances, quand on l'a multiplié par lui-même 1, 2, 3, 4, etc., fois consécutives, ou lorsqu'il est 2 fois, 3 fois, 4 fois, 5 fois, etc., facteur dans le produit.

151. La racine cubique d'un cube proposé est le nombre qui, multiplié par son carré, produit ce cube ; ainsi 3 est la racine cubique de 27.

152. On n'a donc pas besoin de règles pour former le cube d'un nombre ; mais pour revenir du cube à sa racine, il faut une méthode. Nous déduirons cette méthode de l'examen de ce qui se passe dans la formation du cube.

Observons cependant qu'on n'a pas besoin de méthode pour extraire la racine cubique en nombres entiers, lorsque le nombre proposé a moins de quatre chiffres ; car 1000 étant le cube de 10, tout nombre au-dessous de 1000, et par conséquent de moins de quatre chiffres, aura pour racine moins que 10, c'est-à-dire moins de deux chiffres.

Ainsi tout nombre qui tombera entre deux de ceux-ci :

$$1, \ 8, \ 27, \ 64, \ 125, \ 216, \ 343, \ 512, \ 729,$$

aura sa racine cubique, en nombre entier, entre les deux nombres correspondants de cette suite :

$$1, \ 2, \ 3, \ 4, \ 5, \ 6, \ 7, \ 8, \ 9,$$

dont la première contient les cubes.

153. Tout nombre n'a pas de racine cubique ; mais on peut approcher continuellement d'un nombre qui, étant cubé, approche aussi de plus en plus de reproduire ce premier nombre; c'est ce que nous verrons après avoir appris à trouver la racine d'un cube parfait.

154. Voyons donc de quelles parties peut être composé le cube d'un nombre qui contiendrait des dizaines et des unités.

Puisque le cube résulte du carré d'un nombre multiplié par ce même nombre, il est essentiel de rappeler ici (**134**) que *le carré d'un nombre composé de dizaines et d'unités renferme :* 1° *le carré des dizaines ;* 2° *deux fois le produit des dizaines par les unités ;* 3° *le carré des unités.*

Pour former le cube, il faut donc multiplier ces trois parties par les dizaines et par les unités du même nombre.

Afin d'apercevoir plus distinctement les produits qui en résulteront, donnons à cette opération simulée la forme suivante :

1°

Le carré des dizaines ⎱
Deux fois le produit des dizaines par les uni-⎰ étant multiplié par les dizaines, donnera
tés
Le carré des unités

⎰ Le cube des dizaines.
Deux fois le produit du carré des dizaines multiplié par les unités.
Le produit des dizaines par le carré des unités.

2°

Le carré des dizaines ⎱
Deux fois le produit des dizaines par les uni-⎰ étant multiplié par les unités, donnera
tés
Le carré des unités

⎰ Le produit du carré des dizaines multiplié par les unités.
Deux fois le produit des dizaines par le carré des unités.
Le cube des unités.

Donc, en rassemblant ces six résultats, et réunissant ceux qui sont semblables, on voit que le cube d'un nombre composé de dizaines et d'unités contient quatre parties, savoir : *le cube des dizaines, trois fois le carré des dizaines multiplié par les unités, trois fois les dizaines multipliées par le carré des unités, et enfin le cube des unités.*

Formons, d'après cela, le cube d'un nombre composé de dizaines et d'unités, de 43 par exemple :

$$
\begin{array}{r}
64000 \\
14400 \\
1080 \\
27 \\
\hline
79507
\end{array}
$$

Nous prendrons donc le cube de 4 qui est 64 ; mais comme ce 4 est des dizaines, son cube sera des mille, parce que le cube de 10 est 1000 ; ainsi le cube des 4 dizaines sera 64000.

3 fois 16, ou 3 fois le carré des 4 dizaines, étant multiplié par les 3 unités, donnera 144 centaines, parce que le carré de 10 est 100 ; ainsi ce produit sera 14400.

3 fois 4, ou trois fois les dizaines, étant multipliées par le carré des unités, donneront des dizaines, et ce produit sera 1080.

Enfin le cube des unités se terminera à la place des unités, et sera 27.

En réunissant ces quatre parties, on aura 79307 pour le cube de 43 ; cube qu'on aurait sans doute trouvé plus facilement en multipliant 43 par 43, et le produit 1849 encore par 43 ; mais il ne s'agit pas tant ici de trouver la valeur du cube, que de reconnaître, par l'examen des parties qui le composent, la manière de revenir à sa racine.

155. Cela posé, voici le procédé de l'extraction de la racine cubique.

Exemple.

Soit donc proposé d'extraire la racine cubique de 79307.

Cube.	Racine.
7 9.5 0 7	4 3
1 5 5.0 7	
4 8	

Pour avoir la partie de ce nombre qui renferme le cube des dizaines de la racine, j'en sépare les trois derniers chiffres, dans lesquels nous venons de voir que ce cube ne peut être compris, puisqu'il vaut des mille.

Je cherche la racine cubique de 79, elle est 4 que j'écris à côté.

Je cube 4, et j'ôte le produit 64 de 79, il me reste 15 que j'écris au-dessous de 79.

A côté de 15, j'abaisse 507, ce qui me donne 15507, dans lequel il doit y avoir 3 fois le carré des 4 dizaines trouvées, multipliées par les unités que nous cherchons, plus 3 fois ces mêmes dizaines multipliées par le carré des unités, plus enfin le cube des unités.

Je sépare les deux derniers chiffres 07 ; la partie 155, qui reste à gauche, renferme 3 fois le carré des dizaines multiplié par les unités ; c'est pourquoi, afin d'avoir les unités (**74**), je vais diviser cette partie 155 par le triple du carré des 4 dizaines, c'est-à-dire par 48.

Je trouve que 48 est trois fois dans 155, j'écris donc 3 à la racine.

Pour éprouver cette racine et connaître le reste, s'il y en a, nous pourrions composer les trois parties du cube qui doivent se trouver dans 15507, et voir si elles forment 15507, ou de combien elles en diffèrent ; mais il est aussi commode de faire cette vérification en cubant tout de suite 43, c'est-à-dire en multipliant 43 par 43, ce qui produit 1849, et multipliant ce produit par 43, ce qui donne enfin 79507. Ainsi 43 est exactement la racine cubique.

Si le nombre proposé a plus de six chiffres, on raisonnera comme dans l'exemple ci-après :

Exemple.

Soit proposé d'extraire la racine cubique de 596947688.

$$
\begin{array}{l}
5\ 9\ 6.9\ 4\ 7.6\ 8\ 8\ |\ 8\ 4\ 2 \\
8\ 4\ 9.4\ 7 \\
1\ 9\ 2 \\
5\ 9\ 2\ 7\ 0\ 4 \\
\hline
4\ 2\ 4\ 3\ 6.8\ 8 \\
2\ 1\ 1\ 6\ 8 \\
5\ 9\ 6\ 9\ 4\ 7\ 6\ 8\ 8 \\
\hline
0\ 0\ 0\ 0\ 0\ 0\ 0\ 0
\end{array}
$$

On considérera sa racine comme composée de dizaines et d'unités, et par cette raison on commencera par séparer les trois derniers chiffres.

La partie 596947 qui renferme le cube des dizaines ayant plus de trois chiffres, sa racine en aura plus d'un, et par conséquent elle aura des dizaines et des unités : il faut donc, pour trouver le cube de ces premières dizaines, séparer les trois chiffres 947.

Cela posé, je cherche la racine cubique de 596 ; elle est 8, j'écris ce 8 à côté. Je cube 8, et je retranche le produit 512 de 596 ; il reste 84 que j'écris au-dessous de 596.

A côté de 84 j'abaisse 947, ce qui me donne 84947, dont je sépare les deux derniers chiffres.

Au-dessous de la partie 849, j'écris 192 qui est le triple carré de la racine 8, et je divise 849 par 192; je trouve pour quotient 4 que j'écris à la racine.

Pour vérifier cette racine et avoir en même temps le reste, je cube 84, et je retranche le produit 592704 du nombre 596947; j'ai pour reste 4243.

A côté de ce reste j'abaisse la tranche 688, et considérant la racine 84 comme un seul nombre qui marque les dizaines de la racine cherchée, je sépare les deux derniers chiffres 88 de la tranche abaissée, et je divise la partie 42436 par le triple carré de 84, c'est-à-dire par 21168; je trouve pour quotient 2 que j'écris à la suite de 84.

Pour vérifier la racine 842 et avoir le reste, s'il y en a, je cube 842, et je retranche le produit 596947688 du nombre proposé 596947688 : et comme il ne reste rien, j'en conclus que 842 est la racine exacte de 596947688.

Il faut encore observer, 1° que dans le cours de ces opérations on ne doit jamais mettre plus de 9 à la racine.

2° Si le chiffre qu'on porte à la racine était trop fort, on s'en apercevrait à ce que la soustraction ne pourrait se faire, et alors on diminuerait la racine successivement de 1, 2, 3, etc., unités jusqu'à ce que la soustraction devînt possible.

Lorsque le nombre proposé n'est pas un cube parfait, la racine qu'on trouve n'est qu'une racine approchée, et il est rare qu'il soit suffisant de l'avoir en nombres entiers. Les décimales sont encore d'un usage très-avantageux pour pousser cette approximation beaucoup plus loin, et aussi loin qu'on le désire, sans que cependant on puisse atteindre à une racine exacte.

156. Pour approcher aussi près qu'on le voudra de la racine cubique d'un cube imparfait, il faut mettre à la suite de ce nombre trois fois autant de zéros qu'on veut avoir de décimales à la racine ; faire l'extraction comme dans les exemples précédents, et après l'opération faite, séparer par une virgule, sur la droite de la racine, autant de chiffres qu'on voulait avoir de décimales.

Exemple.

On demande d'approcher de la racine cubique de 8755 jusqu'à moins d'un centième près. Pour avoir des centièmes à la racine, c'est-à-dire deux décimales, il faut que le cube ou le nombre proposé en ait six (**54**); il faut donc mettre six zéros à la suite de 8755.

Ainsi la question se réduit à tirer la racine cubique de
8755000000.

```
8.7 5 5.0 0 0.0 0 0|2 0 6 1
0 7.5 5
1 2
8 0 0 0
      7 5 5 0.0 0
      1 2 0 0
      8 7 4 1 8 1 6
            1 3 1 8 4 0.0 0
            1 2 7 3 0 8
            8 7 5 4 5 5 2 9 8 1
                  4 4 7 0 1 9
```

Suivant ce qui a été dit ci-dessus, je partage ce nombre en tranches de trois chiffres chacune, en allant de droite à gauche.

Je tire la racine cubique de la dernière tranche 8, elle est 2, que
j'écris à la racine. Je cube 2 et je retranche le produit de 8; j'ai pour
reste 0, à côté duquel j'abaisse la tranche 755, dont je sépare les
deux derniers chiffres 55 : au-dessous de la partie restante 7, j'écris
12, triple carré de la racine, et divisant 7 par 12, je trouve 0 pour
quotient, que j'écris à la racine.

Je cube la racine 20, ce qui me donne 8000 que je retranche de
8755; j'ai pour reste 755, à côté duquel j'abaisse la tranche 000,
dont je sépare deux chiffres sur la droite ; au-dessous de la partie
restante 7550, j'écris 1200, triple carré de la racine 20, et divisant
7550 par 1200, je trouve pour quotient 6, que j'écris à la racine.

Je cube la racine 206, et je retranche le produit de 8755000; j'ai
pour reste 13184, à côté duquel j'abaisse la dernière tranche 000,
dont je sépare les deux derniers chiffres. Au-dessous de la partie
restante 131840, j'écris 127308, triple carré de la racine trouvée 206.
Je divise 131840 par 127308; je trouve pour quotient 1 que j'écris
à la suite de 206. Je cube 2061, et ayant retranché de 8755000000
le produit 8754552981, j'ai pour reste 447019.

La racine cubique approchée de 8755000000 est donc 2061; donc
celle de 8755,000000 est 20,61, puisque le cube a trois fois autant
de décimales que sa racine (54).

Si l'on voulait pousser l'approximation plus loin, on mettrait à la
suite du reste trois zéros, et on continuerait comme on a fait à chaque fois qu'on a abaissé une tranche.

157. Puisque, pour multiplier une fraction par une fraction, il faut multiplier numérateur par numérateur et dénominateur par dénominateur, il faudra donc, pour cuber une fraction, cuber son numérateur et son dénominateur. Donc, réciproquement, pour extraire la racine cubique d'une fraction, il faudra extraire la racine cubique du numérateur et la racine cubique du dénominateur. Ainsi la racine cubique de $\frac{27}{64}$ est $\frac{3}{4}$, parce que la racine cubique de 27 est 3, et celle de 64 est 4.

158. Mais si le dénominateur seul est un cube, on tirera la racine approchée du numérateur, et on donnera à cette racine pour dénominateur la racine cubique du dénominateur. Par exemple, si l'on demande la racine cubique de $\frac{143}{343}$, comme le numérateur n'est pas un cube, j'en tire la racine approchée, qui sera 5,22 à moins d'un centième près; et tirant la racine de 343 qui est 7, j'ai $\frac{5,22}{7}$ pour la racine approchée de $\frac{143}{343}$; ou bien en réduisant en décimales (**99**), j'ai 0,74 pour cette racine approchée à moins d'un centième près.

159. Si le dénominateur n'est pas un cube, on multipliera les deux termes de la fraction par le carré de ce dénominateur, et alors le nouveau dénominateur étant un cube, on se conduira comme il vient d'être dit. Par exemple, si l'on demande la racine cubique de $\frac{3}{7}$, je multiplie le numérateur et le dénominateur par 49, carré du dénominateur 7, j'ai $\frac{147}{343}$ qui (**88**) est de même valeur que $\frac{3}{7}$. La racine cubique de $\frac{147}{343}$ est $\frac{5,27}{7}$, ou en réduisant purement en décimales, 0,75; la racine cubique de $\frac{3}{7}$ est donc 0,75 à moins d'un centième près.

S'il y avait des entiers joints aux fractions, on convertirait le tout en fraction, et l'opération serait réduite à tirer la racine cubique d'une fraction (**157** et suiv.).

On pourrait aussi, soit qu'il y ait des entiers, soit qu'il n'y en ait point, réduire la fraction en décimales; mais il faut avoir soin de pousser cette réduction jusqu'à trois fois autant de décimales qu'on veut en avoir à la racine. Ainsi, si l'on demandait la racine cubique de $7\frac{3}{11}$, approchée jusqu'à moins d'un millième, on changerait la fraction $\frac{3}{11}$ en 0,272727272; en sorte que, pour avoir la racine cubique de $7\frac{3}{11}$, on tirerait celle de 7,272727272 qu'on trouvera être 1,937.

160. Pour tirer la racine cubique d'un nombre qui aura des décimales, il faudra le préparer par un nombre suffisant de zéros mis à sa suite, de manière que le nombre de ses décimales soit ou 3, ou 6, ou 9, etc. Alors on en tirera la racine, comme s'il n'y avait pas de virgule; et après l'opération faite, on séparera sur la droite de la racine, par une virgule, un nombre de chiffres qui soit le tiers du nombre des décimales de la quantité proposée; en sorte que si la racine n'avait pas suffisamment de chiffres pour que cette règle eût son exécution, on y suppléerait par des zéros placés sur la gauche de cette racine. Ainsi pour tirer la racine cubique de 6,54 à moins d'un millième près, je mettrai 7 zéros, et je tirerai la racine cubique de 6540000000 qui sera 1870; j'en séparerai 3 chiffres, puisqu'il y a 9 décimales au cube, et j'aurai 1,870, ou simplement 1,87 pour la racine cubique de 6,54. On trouvera de même que celle de 0,0006, approchée à moins d'un centième près, est 0,08.

161. Quand on a trouvé les quatre premiers chiffres de la racine cubique par la méthode qu'on vient d'expliquer, on peut trouver les autres plus promptement par la division, et cela de la manière suivante.

Qu'on demande la racine cubique de 5264627832723456; j'en cherche les quatre premiers chiffres par la méthode ordinaire; ils sont 1739, et le reste de l'opération est 5681443; à côté de ce reste, je mets les deux chiffres 72 qui suivent la partie 5264627832 qui a donné le quatre premiers chiffres. (Je mettrais les trois chiffres qui suivent cette même partie, si la racine trouvée avait cinq chiffres, et les quatre si elle en avait six). Je divise 568144372 par 9072363, triple carré de la racine 1739; j'ai pour quotient 62, et ce sont deux nouveaux chiffres à mettre à la suite de 1739, en sorte que 173962 est, en nombres entiers, la racine cubique du nombre proposé.

Si l'on voulait pousser plus loin, on cuberait cette racine, et ayant retranché le produit du nombre proposé, on mettrait à la suite du reste quatre zéros, et on diviserait le tout par le triple du carré de 173962, ce qui donnerait quatre décimales pour la racine.

On fera ici la même observation qu'on a faite (**148**) sur le cas où la division ne donne pas autant de chiffres qu'elle doit en donner. Et dans ces divisions on s'aidera de la règle abrégée qui a été donnée (**69** et suiv.)

Des Raisons, Proportions et Progressions, et de quelques Règles qui en dépendent.

162. Les mots *raison* et *rapport* ont la même signification en mathématiques, et l'un et l'autre expriment le résultat de la comparaison de deux quantités.

163. Si, dans la comparaison de deux quantités, on a pour but de connaître de combien l'une surpasse l'autre ou en est surpassée, le résultat de cette comparaison, qui est la différence de ces deux quantités, se nomme leur *rapport arithmétique*.

Ainsi, si je compare 15 avec 8, pour connaître leur différence 7; ce nombre 7, qui est le résultat de la comparaison, est le rapport arithmétique de 15 à 8.

Pour marquer que l'on compare deux quantités sous ce point de vue, on sépare l'une de l'autre par un point; en sorte que 15 . 8 marque que l'on considère le rapport arithmétique de 15 à 8.

164. Si, dans la comparaison de deux quantités, on se propose de connaître combien l'une contient l'autre ou est contenue en elle, le résultat de cette comparaison se nomme leur *rapport géométrique.* Par exemple, si je compare 12 à 3 pour savoir combien de fois 12 contient 3, le nombre 4 qui exprime ce nombre de fois est le rapport géométrique de 12 à 3.

Pour marquer que l'on compare deux quantités sous ce point de vue, on sépare l'une de l'autre par deux points : cette expression 12 : 3 marque que l'on considère le rapport géométrique de 12 à 3.

165. Des deux quantités que l'on compare, celle qu'on énonce ou qu'on écrit la première, se nomme *antécédent*, et la seconde se nomme *conséquent*. Ainsi dans le rapport 12 : 3, 12 est l'antécédent, et 3 est le conséquent; l'un et l'autre s'appellent les *termes* du rapport.

166. Pour avoir le rapport arithmétique de deux quantités, il n'y a donc autre chose à faire qu'à retrancher la plus petite de la plus grande.

167. Et pour avoir le rapport géométrique de deux quantités, il faut diviser l'une par l'autre.

168. Nous évaluerons ce rapport, dorénavant, en divisant l'antécédent par le conséquent; ainsi le rapport de 12 à 3 est 4, et le rapport de 3 à 12 est $\frac{3}{12}$ ou $\frac{1}{4}$.

169. Un rapport arithmétique ne change point quand on ajoute à chacun de ses deux termes ou qu'on en retranche une même quantité, parce que la différence (en quoi consiste le rapport) reste toujours la même.

170. Un rapport géométrique ne change point quand on multiplie ou quand on divise ses deux termes par un même nombre ; car le rapport géométrique consistant (**168**) dans le quotient de la division de l'antécédent par le conséquent, est une quantité fractionnaire qui (**88**) ne peut changer par la multiplication ou la division de ses deux termes par un même nombre. Ainsi le rapport 3 : 12 est le même que celui 6 : 24 que l'on a en multipliant les deux termes du premier par 2; il est le même que celui de 1 : 4 que l'on a en divisant par 3.

171. Cette propriété sert à simplifier les rapports. Par exemple, si j'avais à examiner le rapport de 6 $\frac{3}{4}$ à 10 $\frac{2}{3}$, je dirais, en réduisant tout en fraction, ce rapport est le même que celui de $\frac{27}{4}$ à $\frac{32}{3}$, ou en réduisant au même dénominateur, le même que celui de $\frac{84}{12}$ à $\frac{128}{12}$, ou enfin en supprimant le dénominateur 12 (ce qui revient au même que de multiplier les deux termes du rapport par 12), est le même que celui de 81 à 128.

172. Lorsque quatre quantités sont telles que le rapport des deux premières est le même que le rapport des deux dernières, on dit que ces quatre quantités forment une *proportion ;* et cette proportion est arithmétique ou géométrique, selon que le rapport qu'on y considère est arithmétique ou géométrique.

Les quatre quantités 7, 9, 12, 14 forment une proportion arithmétique, parce que la différence des deux premières est la même que celle des deux dernières. Pour marquer qu'elles sont en proportion arithmétique, on les écrit ainsi : 7 . 9 ⁚ 12 . 14 ; c'est-à-dire qu'on sépare, par un point, les deux termes de chaque rapport, et les deux rapports par deux points. Le point qui sépare les deux termes de chaque rapport signifie *est à,* et les deux points qui séparent les deux rapports signifient *comme ;* en sorte que pour énoncer la proportion ainsi écrite, on dit 7 *est à* 9 *comme* 12 *est à* 14.

Les quatre quantités 3, 15, 4, 20, forment une proportion géométrique, parce que 3 est contenu dans 15, comme 4 l'est dans 20. Pour marquer qu'elles sont en proportion géométrique, on les écrit ainsi 3 ⁚ 15 ⁚⁚ 4 ⁚ 20, c'est-à-dire qu'on sépare les deux termes de chaque rapport par deux points, et les deux rapports par quatre points. Les deux points signifient *est à,* et les quatre points signifient *comme ;* de sorte qu'on dit 3 *est à* 15 *comme* 4 *est à* 20.

Il faut seulement observer que, dans la proportion arithmétique, on fait précéder le mot *comme,* du mot *arithmétiquement.*

173. Le premier et le dernier terme de la proportion se nomment les *extrêmes ;* le 2ᵉ et le 3ᵉ se nomment les *moyens.*

Comme il y a deux rapports, et par conséquent deux antécédents et deux conséquents; on dit, pour le premier rapport : *premier antécédent, premier conséquent ;* et pour le second : *second antécédent, second conséquent.*

174. Quand les deux termes moyens d'une proportion sont égaux, la proportion se nomme proportion *continue ;* 3 . 7 ⁚ 7 . 11 forment une proportion arithmétique continue; on l'écrit ainsi ⁚ 3 . 7 . 11 . ; les deux points et la barre qui précèdent sont pour avertir que dans l'énoncé on doit répéter le terme moyen, qui est ici 7.

La proportion 5 ⁚ 20 ⁚⁚ 20 ⁚ 80 est une proportion géométrique continue, que par abréviation on écrit ainsi ⁚ 5 ⁚ 20 ⁚ 80 ; l'usage des quatre points et de la barre est le même que dans la proportion arithmétique continue.

175. Il suit de ce que nous venons de dire sur les proportions arithmétiques et géométriques :

1° Que si, dans une proportion arithmétique, on ajoute à chacun des antécédents, ou si l'on en retranche la différence ou raison qui règne dans cette proportion, selon que l'antécédent sera plus grand ou plus petit que son conséquent, chaque antécédent deviendra égal à son conséquent; car c'est donner au plus petit terme de chaque rapport ce qui lui manque pour égaler son voisin, ou retrancher du plus grand ce dont il surpasse son voisin. Ainsi dans la proportion 3 . 7 : 8 . 12, ajoutez la différence 4 au premier et au troisième terme, vous aurez 7 . 7 : 12 . 12, et il est aisé de sentir que cela est général.

2° Si dans une proportion géométrique vous multipliez chacun des deux conséquents par le rapport, vous les rendrez pareillement égaux chacun à son antécédent; car multiplier le conséquent par le rapport, c'est le prendre autant de fois qu'il est contenu dans l'antécédent : ainsi dans la proportion 12 : 3 :: 20 : 5, multipliez 3 et 5 chacun par 4, et vous aurez 12 : 12 :: 20 : 20. Pareillement, dans la proportion 15 : 9 :: 45 : 27, multipliez 9 et 27, chacun par $\frac{15}{9}$ ou $\frac{5}{3}$ qui est le rapport, vous aurez 15 : 15 :: 45 : 45.

Propriétés des Proportions arithmétiques.

176. La propriété fondamentale des proportions arithmétiques est que *la somme des extrêmes est égale à la somme des moyens;* par exemple, dans cette proportion 3 . 7 : 8 . 12, la somme 3 et 12 des extrêmes, et celle 7 et 8 des moyens, sont également 15.

Voici comment on peut s'assurer que cette propriété est générale.

Si les deux premiers termes étaient égaux entre eux, et les deux derniers égaux aussi entre eux, comme dans cette proportion :

$$7 . 7 : 12 . 12,$$

il est évident que la somme des extrêmes serait égale à celle des moyens.

Or toute proportion arithmétique peut être ramenée à cet état (**175**) en ajoutant à chaque antécédent, ou en ôtant la différence qui règne dans la proportion. Cette addition qui augmentera également la somme des extrêmes et celle des moyens ne peut rien changer à l'égalité de ces deux sommes ; ainsi, si elles deviennent égales par cette addition, c'est qu'elles étaient égales sans cette même addition. Le raisonnement est le même pour le cas de la soustraction.

177. Puisque dans la proportion continue les deux termes moyens sont égaux, il suit de ce qu'on vient de démontrer, que dans cette même proportion, la somme des extrêmes est double du terme moyen, ou que le terme moyen est la moitié de la somme des extrêmes : ainsi, pour avoir un moyen arithmétique entre 7 et 15 par exemple, j'ajoute 7 à 15, et prenant la moitié de la somme 22, j'ai 11 pour le terme moyen, en sorte que ÷ 7 . 11 . 15.

Propriétés des Proportions géométriques.

178. La propriété fondamentale de la proportion géométrique est que *le produit des extrêmes est égal au produit des moyens ;* par exemple dans cette proportion 5 : 15 :: 7 : 35, le produit de 35 par 5 et celui de 15 par 7 sont également 105.

Voici comment on peut se convaincre que cette propriété a lieu dans toute proportion géométrique.

Si les antécédents étaient égaux à leurs conséquents, comme dans cette proportion

$$5 : 5 :: 7 : 7,$$

il est évident que le produit des extrêmes serait égal au produit des moyens.

Mais on peut toujours ramener une proportion à cet état (**175**) en multipliant les deux conséquents par la raison. Cette multiplication fera, à la vérité, que le produit des extrêmes sera un certain nombre de fois plus grand qu'il n'aurait été, ou sera un certain nombre de fois plus petit, si le rapport est une fraction ; mais elle produira le même effet sur celui des moyens ; donc, puisque après cette multiplication, le produit des extrêmes serait égal au produit des moyens, ces deux produits doivent aussi être égaux sans cette même multiplication.

On peut donc prendre le produit des extrêmes pour celui des moyens, et réciproquement.

Donc *dans la proportion continue, le produit des extrêmes est égal au carré du terme moyen ;* car les deux moyens étant égaux, leur produit est le carré de l'un d'eux. Donc, pour avoir un moyen géométrique entre deux nombres proposés, il faut multiplier ces deux nombres l'un par l'autre, et tirer la racine carrée de ce produit. Ainsi pour avoir un moyen géométrique entre 4 et 9, je multiplie 4 par 9, et la racine carrée 6 du produit 36 est le moyen proportionnel cherché.

179. De la propriété fondamentale de la proportion géométrique, il suit que, si connaissant les trois premiers termes d'une proportion, on voulait déterminer le quatrième, il faudrait *multiplier le second par le troisième, et diviser le produit par le premier;* car il est évident (**174**) qu'on aurait le quatrième terme en divisant le produit des deux extrêmes par le premier terme; or ce produit est le même que celui des moyens; donc on aura aussi le quatrième terme en divisant le produit des moyens par le premier terme.

Ainsi, si l'on demande quel serait le quatrième terme d'une proportion, dont les trois premiers seraient 3 : 8 : : 12 ; je multiplie 8 par 12, ce qui me donne 96 que je divise par 3; le quotient 32 est le quatrième terme demandé; en sorte que 3, 8, 12, 32 forment une proportion : en effet, le premier rapport est $\frac{3}{8}$, et le second est $\frac{12}{32}$ qui (**89**), en divisant les deux termes par 4, est aussi $\frac{3}{8}$.

Par un semblable raisonnement, on voit qu'on peut trouver tout autre terme de la proportion lorsqu'on en connaît trois. *Si le terme qu'on veut trouver est un des extrêmes, il faudra multiplier les deux moyens, et diviser par l'extrême connu; si au contraire on veut trouver un des moyens, il faudra multiplier les deux extrêmes, et diviser par le terme moyen connu.*

180. Cette propriété de l'égalité entre le produit des extrêmes et celui des moyens ne peut appartenir qu'à quatre quantités en proportion géométrique : en effet, si l'on avait quatre quantités qui ne fussent point en proportion géométrique, en multipliant les conséquents par le rapport des deux premières, il n'y aurait que le premier antécédent qui deviendrait égal à son conséquent; par exemple, si l'on avait 3, 12, 5, 10, en multipliant les conséquents 12 et 10 par la raison $\frac{1}{4}$ des deux premiers termes 3 et 12, on aurait 3, 3, 5, $\frac{10}{4}$ dans lesquels il est évident que le produit des extrêmes ne peut être égal à celui des moyens; donc ces produits ne pourraient pas être égaux non plus, quand même on n'aurait pas multiplié les conséquents par la raison $\frac{1}{4}$: il est visible que ce raisonnement peut s'appliquer à tous les cas.

Donc, *si quatre quantités sont telles que le produit des extrêmes soit égal au produit des moyens, ces quatre quantités sont en proportion.*

De là nous concluons cette seconde propriété des proportions.

181. *Si quatre quantités sont en proportion, elles y seront encore si l'on met les extrêmes à la place des moyens, et les moyens à la place des extrêmes.*

182. La même chose aura lieu, c'est-à-dire que *la proportion subsistera si l'on échange les places des extrêmes, ou celles des moyens.*

En effet, dans tous ces cas, il est aisé de voir que le produit des extrêmes sera toujours égal à celui des moyens.

Ainsi la proportion 3 : 8 :: 12 : 32 peut fournir toutes les proportions suivantes par la seule permutation de ses termes :

$$3 : 8 :: 12 : 32$$
$$3 : 12 :: 8 : 32$$
$$32 : 12 :: 8 : 3$$
$$32 : 8 :: 12 : 3$$
$$8 : 3 :: 32 : 12$$
$$8 : 32 :: 3 : 12$$
$$12 : 3 :: 32 : 8$$
$$12 : 32 :: 3 : 8$$

Et il en est de même de toute autre proportion.

183. Puisqu'on peut mettre le troisième terme à la place du second, et réciproquement, on doit en conclure *qu'on peut, sans troubler une proportion, multiplier ou diviser les deux antécédents par un même nombre, et qu'il en est de même à l'égard des conséquents ;* car en faisant cette permutation, les deux antécédents de la proportion donnée formeront le premier rapport ; et les deux conséquents, le second. Ainsi multiplier les deux antécédents de la première proportion revient alors à multiplier les deux termes d'un rapport, chacun par un même nombre ; ce qui (**170**) ne change point ce rapport. Par exemple, si j'ai la proportion 3 : 7 :: 12 : 28 ; je puis, en divisant les deux antécédents par 3, dire 1 : 7 :: 4 : 28, parce que, de la proportion 3 : 7 :: 12 : 28, on peut (**182**) conclure 3 : 12 :: 7 : 28 ; et en divisant les deux termes du premier rapport par 3, 1 : 4 :: 7 : 28, qui (**182**) peut être changée en 1 : 7 :: 4 : 28.

184. *Tout changement fait dans une proportion, de manière que la somme de l'antécédent et du conséquent, ou leur différence, soit comparée à l'antécédent ou au conséquent, de la même manière dans chaque rapport, formera toujours une proportion.*

Par exemple, si l'on a la proportion

$$12 : 3 :: 32 : 8,$$

on en pourra conclure les proportions suivantes :

$$12 \ plus \quad 3 : 3 :: 32 \ plus \quad 8 : 8$$
ou. . . . . . $12 \ moins \ 3 : 3 :: 32 \ moins \ 8 : 8$
ou. . . . . . $12 \ plus \quad 3 : 12 :: 32 \ plus \quad 8 : 32$
ou. . . . . . $12 \ moins \ 3 : 12 :: 32 \ moins \ 8 : 32$

Car, si c'est au conséquent que l'on compare, il est facile de voir que l'antécédent, augmenté ou diminué du conséquent, contiendra ce conséquent une fois de plus ou une fois de moins qu'auparavant; et comme cette comparaison se fait de la même manière pour le second rapport, qui, par la nature de la proportion, est égal au premier, il s'ensuit nécessairement que les deux nouveaux rapports seront aussi égaux entre eux.

Si c'est à l'antécédent que l'on compare, le même raisonnement aura encore lieu, en concevant que, dans la proportion sur laquelle on fait ce changement, on ait mis l'antécédent de chaque rapport à la place de son conséquent, et le conséquent à la place de l'antécédent; ce qui est permis (**181**).

185. Puisqu'en mettant le troisième terme d'une proportion à la place du second, et réciproquement, il y a encore proportion (**182**), on doit conclure que les deux antécédents se contiennent l'un l'autre autant de fois que les conséquents se contiennent aussi l'un l'autre.

Donc *la somme des deux antécédents de toute proportion contient la somme des deux conséquents, ou est contenue en elle, autant qu'un des antécédents contient son conséquent, ou est contenu en lui.*

Par exemple, dans la proportion

$$12 : 3 :: 32 : 8$$

$12 \ plus \ 32 : 3 \ plus \ 8 :: 32 : 8$, ce qui est évident.

Mais, pour s'en convaincre généralement, il n'y a qu'à faire attention que si le premier antécédent contient le second, quatre fois, par exemple, la somme des deux antécédents contiendra le second cinq fois; et par la même raison, la somme des conséquents contiendra le second conséquent cinq fois : donc la somme des antécédents contiendra celle des conséquents, comme le quintuple d'un des antécédents contient le quintuple de son conséquent, c'est-à-dire (**170**) comme un des antécédents contient son conséquent.

On prouverait de même que la différence des antécédents est à la différence des conséquents, comme un antécédent est à son conséquent.

186. Il est évident que la proposition qu'on vient de démontrer revient à celle ci : si on a deux rapports égaux, par exemple,

$$
\begin{array}{c}
\text{celui de} \dots\dots\dots \quad 4 : 12 \\
\text{et celui de} \dots\dots\dots \quad 7 : 21 \\
\hline
11 : 33
\end{array}
$$

on aura encore le même rapport en ajoutant antécédent à antécédent, et conséquent à conséquent.

Donc, *si l'on a plusieurs rapports égaux, la somme de tous les antécédents est à la somme de tous les conséquents comme l'un des antécédents est à son conséquent.* Par exemple, si on a les rapports égaux 4 : 12 :: 7 : 21 :: 2 : 6, on peut dire que 4 *plus* 7 *plus* 2, sont à 12 *plus* 21 *plus* 6, comme 4 est à 12, comme 7 est à 21, etc.

Car après avoir ajouté entre eux les antécédents des deux premiers rapports, et leurs conséquents aussi entre eux, le nouveau rapport qui, selon ce qu'on vient de voir, sera le même que chacun des deux premiers, sera aussi le même que le troisième ; par conséquent on pourra le combiner de même avec celui-ci, et il en résultera encore le même rapport, et ainsi de suite.

187. On appelle *rapport composé* celui qui résulte de deux ou d'un plus grand nombre de rapports dont on multiplie les antécédents entre eux et les conséquents entre eux. Par exemple, si l'on a les deux rapports 12 : 4 et 25 : 5 ; le produit des antécédents 12 et 25 sera 300, celui des conséquents 4 et 5 sera 20 ; le rapport de 300 à 20 est ce qu'on appelle rapport composé des rapports de 12 à 4 et de 25 à 5.

188. Ce rapport est le même que si l'on avait évalué séparément chacun des rapports composants, et qu'on eût multiplié entre eux les nombres qui expriment ces rapports ; en effet, le rapport de 12 à 4 est 3, celui de 25 à 5 est 5 ; or, 3 fois 5 font 15 qui est le rapport de 300 à 20, et on peut voir que cela est général, en faisant attention que le rapport est mesuré (**168**) par une fraction qui a l'antécédent pour numérateur et le conséquent pour dénominateur : ainsi le rapport composé doit être une fraction qui ait pour numérateur le produit des deux antécédents, et pour dénominateur le produit des deux conséquents; c'est donc (**106**) le produit des deux fractions qui expriment les rapports composants.

189. Si les rapports que l'on multiplie sont égaux, le rapport composé est dit *rapport doublé*, si l'on n'a multiplié que deux rapports; *rapport triplé*, si l'on en a multiplié trois; *quadruplé*, si l'on en a multiplié quatre, et ainsi de suite. Par exemple, si l'on multiplie le rapport de 2 à 3 par celui de 4 à 6 qui lui est égal, on aura le rapport composé 8 : 18, qui sera dit rapport *doublé* du rapport de 2 à 3 ou de 4 à 6.

190. *Si l'on a deux proportions et qu'on les multiplie par ordre, c'est-à-dire le premier terme de l'une par le premier terme de l'autre, le second par le second, et ainsi de suite; les quatre produits qui en résulteront seront en proportion.*

Car en multipliant ainsi deux proportions, c'est multiplier deux rapports égaux par deux rapports égaux (**172**); donc les deux rapports composés qui en résultent doivent être égaux; donc les quatre produits doivent être en proportion (**172**).

191. Concluons de là que *les carrés, les cubes, et en général les puissances semblables de quatre quantités en proportion, sont aussi en proportion;* puisque, pour former ces puissances, il ne faut que multiplier la proportion, par elle-même, plusieurs fois de suite.

192. *Les racines carrées, cubiques, et en général les racines semblables de quatre quantités en proportion, sont aussi en proportion;* car le rapport des racines carrées des deux premiers termes n'est autre chose que la racine carrée du rapport de ces deux termes (**142** et **167**); et il en est de même du rapport des racines carrées des deux derniers termes : donc, puisque les deux rapports primitifs sont supposés égaux, leurs racines carrées sont égales, donc le rapport des racines carrées des deux premiers termes sera égal au rapport des racines carrées des deux derniers. On prouvera, de même, pour les racines cubique, quatrième, etc.

Usages des Propositions précédentes.

193. Les propositions que nous venons de démontrer, et qu'on appelle *règles des proportions*, ont des applications continuelles dans toutes les parties des mathématiques. Nous nous bornerons ici à celles qui appartiennent à l'arithmétique, et nous commencerons par celle qu'on peut faire de ce qui a été établi (**179**), et qui est la base de presque toutes les autres.

De la règle de Trois directe et simple.

194. On distingue plusieurs sortes de règles de *trois* : elles ont toutes pour objet de faire connaître un terme d'une proportion dont on en connaît trois.

Celle qu'on appelle *règle de trois directe et simple* est nommée *simple*, parce que l'énoncé des questions auxquelles on l'applique ne renferme jamais plus de quatre quantités, dont trois sont connues et la quatrième est à trouver.

On l'appelle *directe*, parce que des quatre quantités qu'on y considère, il y en a toujours deux qui non-seulement sont relatives aux deux autres, mais qui en dépendent de manière que, de même qu'une des quantités contient l'autre ou est contenue en elle, de même aussi la quantité relative à la première contient la quantité relative à la seconde ou est contenue en elle; c'est-à-dire d'une manière plus abrégée, qu'une quantité et sa relative peuvent toujours être, toutes deux, ou antécédents ou conséquents dans la proportion, ce qui n'a pas lieu dans la règle de trois inverse, comme nous le verrons dans peu.

La méthode pour trouver le quatrième terme d'une proportion, et par conséquent pour faire la règle de trois directe et simple, est suffisamment exposée (**179**); mais il est à propos de faire connaître, par quelques exemples, l'usage qu'on peut faire de cette règle.

Exemple.

40 ouvriers ont fait, en un certain temps, 268 mètres d'ouvrage; on demande combien 60 ouvriers pourraient en faire dans le même temps?

Il est clair que le nombre des mètres doit augmenter à proportion du nombre des ouvriers; en sorte que celui-ci devenant double, triple, quadruple, etc., le premier doit devenir aussi double, triple, quadruple, etc. Ainsi l'on voit que le nombre des mètres cherché doit contenir les 268 mètres, autant que le nombre 60, relatif au premier, contient le nombre 40 relatif au second : il faut donc chercher le quatrième terme d'une proportion qui commencerait par ces trois-ci :

$$40 : 60 :: 268^m :$$

Ou (en divisant ces deux premiers termes par 20, ce qui est permis (**170**)), par ces trois autres : .

$$2 : 3 :: 268^m :$$

Ainsi, selon ce qui a été dit (**179**), je multiplie 268^m par 3, et je divise le produit 804 par 2; ce qui donne pour quotient 402^m; et par conséquent 402^m pour l'ouvrage que feraient les 60 ouvriers

Exemple II.

Un navire a fait, avec le même vent, 275 lieues en 3 jours ; on demande en combien de temps il en ferait 2000, toutes les autres circonstances demeurant les mêmes.

Il est évident qu'il faut plus de temps, à proportion du nombre de lieues, et que par conséquent le nombre de jours cherché doit contenir 3 jours, autant que 2000 lieues contiennent 275 lieues : il faut donc chercher le quatrième terme d'une proportion qui commencerait par ces trois-ci :

$$275 : 2000 :: 3 :$$

Multipliant 2000 par 3, et divisant le produit 6000 par 275, on aura 21 jours $\frac{9}{11}$.

Exemple III.

52 toises anglaises 4^p 5^{po} ont été payés 8 livres sterling 9^s 4^d; on demande combien on doit payer pour 77^T 1^P 8^{po}?

Le prix de 77^T 1^P 8^{po} doit contenir le prix 8$^{\pounds}$ 9^s 4^d des 52^T 4^P 5^{po}, autant que 77^T 1^P 8^{po} contiennent 52^T 4^P 5^{po}. Il faut donc chercher le quatrième terme d'une proportion qui commencerait par ces trois-ci :

$$52^T \ 4^P \ 5^{po} : 77^T \ 1^P \ 8^{po} :: 8^{\pounds} \ 9^s \ 4^d :$$

C'est-à-dire qu'il faut multiplier 8$^{\pounds}$ 9^s 4^d par 77^T 1^P 8^{po}, et diviser le produit par 52^T 4^P 5^{po}, ce qu'on peut faire par ce qui a été dit (**122** et **128**).

Mais il sera encore plus simple de réduire les deux premiers termes à leur plus petite espèce, c'est-à-dire en pouces ; et la question sera réduite à chercher le quatrième terme d'une proportion qui commencerait par ces trois autres :

$$3797 : 5564 :: 8^{\pounds} \ 9^s \ 4^d :$$

Alors multipliant 8$^{\pounds}$ 9^s 4^d par 5564, on aura 47108$^{\pounds}$ 10^s 8^d; et

7

divisant par 5797, le quotient 12 £ 8ˢ 1ᵈ $\frac{2379}{3797}$ sera ce qu'on doit payer pour les 77ᵀ 1ᵖ 8ᵖᵒ.

S'il y avait des fractions, après avoir réduit les deux termes de même espèce à leur plus petite unité, comme dans cet exemple, on simplifierait le rapport de ces deux termes de la manière qui a été enseignée (**171**).

De la règle de Trois inverse et simple.

195. La règle de *trois inverse et simple* diffère de la règle de trois directe, dont nous venons de parler, en ce que, des quatre quantités qui entrent dans l'énoncé de la question pour laquelle on fait cette opération, les deux principales doivent se contenir l'une l'autre, dans un ordre tout opposé à celui des deux autres quantités qui leur sont relatives ; en sorte que, lorsque par l'examen de la question, on a donné à ces quantités la disposition convenable pour former une proportion, l'une des quantités principales et sa relative forment les extrêmes ; et l'autre quantité principale, avec sa relative, forment les moyens.

Au reste, cela n'introduit aucune différence dans la manière de faire l'opération ; c'est toujours le quatrième terme d'une proportion qu'il s'agit de trouver ; ou du moins, on peut toujours amener la chose à ce point.

Quelques arithméticiens ont prescrit, pour le cas présent, une règle assujettie à l'énoncé de la question : nous ne suivrons point leur exemple, c'est la nature de la question, et non pas son énoncé (qui est souvent vicieux) qui doit diriger dans la résolution.

Exemple I.

50 hommes ont fait un certain ouvrage en 25 jours ; combien faudrait-il d'hommes pour faire le même ouvrage en 10 jours ?

On voit qu'il faut, dans ce second cas, d'autant plus d'hommes, que le nombre de jours est moindre ; ainsi le nombre d'hommes cherché doit contenir le nombre de 50 hommes, autant que le nombre 25 de jours, relatif à ceux-ci, contient le nombre 10 de jours, relatif à ceux-là. Il ne s'agit donc que de trouver le quatrième terme d'une proportion qui commencerait par ces trois-ci :

$$10^j : 25^j :: 30^{\text{hom}} :$$

c'est-à-dire de multiplier 30 par 25, et de diviser le produit 750 par 10 ; ce qui donne 75 ou 75ʰᵒᵐ.

Exemple II.

Un équipage n'a plus que pour 15 jours de vivres; mais les circonstances doivent lui faire tenir encore la mer pendant 20 jours; on demande à combien on doit réduire la totalité des rations par jour?

Représentons par l'unité la totalité des vivres que l'on consomme par jour; on voit que ce à quoi on doit se restreindre doit être d'autant moindre que cette unité, que le nombre 20 des jours, pendant lesquels cette économie doit durer, est plus grand que le nombre de 15 jours; que par conséquent, de même que 20 jours contiennent 15 jours, de même la totalité des vivres, que l'on aurait consommés pendant chacun de ces 15 jours, doit contenir celle des vivres que l'on consommera pendant chacun des 20 jours; il faut donc chercher le quatrième terme d'une proportion qui commencerait par les trois suivants :

$$20^j \; : \; 15^j \; :: \; 1 \; :$$

Ce quatrième terme sera $\frac{15}{20}$ ou $\frac{3}{4}$; il faut donc se réduire aux $\frac{3}{4}$ de ce qu'on aurait consommé par jour.

De la règle de Trois composée.

196. Dans les deux règles de trois que nous venons d'exposer, la quantité cherchée et la quantité de même espèce qui entre dans l'énoncé de la question, ont entre elles un rapport simple et déterminé par celui des deux autres quantités qui entrent pareillement dans l'énoncé de la question.

Dans la règle de trois composée, le rapport de la quantité cherchée à la quantité de même espèce qui entre dans l'énoncé de la question, n'est pas donné par le rapport simple de deux autres quantités seulement, mais par plusieurs rapports simples qu'il s'agit de composer (**187**) d'après l'examen de la question.

Quand une fois ces rapports ont été composés, la règle est réduite à une règle de trois simple : les exemples suivants vont éclaircir ce que nous disons.

Exemple I.

30 hommes ont fait 132 mètres d'ouvrage en 18 jours, combien 54 hommes en feront-ils en 28 jours?

On voit que l'ouvrage dépend ici, non-seulement du nombre des hommes, mais encore du nombre des jours.

Pour avoir égard à l'un et à l'autre, il faut considérer que 30 hommes travaillant pendant 18 jours ne font qu'autant que 18 fois 30 hommes, c'est-à-dire que 540 hommes qui travailleraient pendant un jour.

Pareillement, 54 hommes travaillant pendant 28 jours ne font qu'autant que feraient 28 fois 54 hommes, ou 1512 hommes travaillant pendant un jour.

La question est donc changée en celle-ci : 540 hommes ont fait 132 mètres d'ouvrage, combien 1512 hommes en feraient-ils dans le même temps? c'est-à-dire qu'il faut chercher le quatrième terme d'une proportion qui commencerait par ces trois-ci...

$$540^h : 1512^h :: 132^m :$$

Multipliant 1512 par 132, et divisant le produit par 540, on trouvera pour réponse à la question, 369^m,6.

Exemple II.

Un homme marchant 7 heures par jour a mis 50 jours à faire 250 lieues; s'il marchait 10 heures par jour, combien emploicrait-il de jours pour faire 600 lieues, allant toujours avec la même vitesse?

S'il marchait pendant le même nombre d'heures par jour, dans chaque cas, on voit qu'il emploierait d'autant plus de jours qu'il y a plus de chemin à faire; mais comme il marche pendant un plus grand nombre d'heures, chaque jour, dans le second cas, il lui faudrait moins de temps par cette raison; ainsi l'opération tient en partie à la règle de trois directe et en partie à la règle de trois inverse.

On la réduira à une règle de trois simple, en considérant que marcher pendant 50 jours, en employant 7 heures chaque jour, c'est marcher pendant 50 fois 7 heures ou 210 heures; ainsi on peut changer la question en cette autre : il a fallu 210 heures pour faire 250 lieues; combien en faudra-t-il pour faire 600 lieues? Quand on aura trouvé le nombre d'heures qui satisfait à cette question; en le divisant par 10, on aura le nombre de jours demandé, puisque l'homme dont il s'agit emploie 10 heures par jour.

Ainsi il faut chercher le quatrième terme de la proportion dont les trois premiers sont :

$$230^l : 600^l :: 210^h :$$

On trouvera que ce quatrième terme est 547 heures et $\frac{19}{23}$, lesquelles divisées par 10, nombre des heures que cet homme emploie chaque jour, donnent 54 jours et $\frac{180}{230}$ ou 54^{j} $\frac{18}{23}$.

De la règle de Société.

197. La règle de société est ainsi nommée parce qu'elle sert à partager, entre plusieurs associés, le bénéfice ou la perte résultant de leur société.

Son but est de partager un nombre proposé en parties qui aient entre elles des rapports donnés.

La règle que l'on donne pour cet effet est fondée sur ce que nous avons établi (**186**) : nous allons la déduire de ce principe dans l'exemple suivant :

Exemple I.

Supposons, par exemple, qu'il s'agisse de partager 120 en trois parties qui aient entre elles les mêmes rapports que les nombres 4, 3, 2, l'énoncé de la question fournit ces deux proportions,

4 : 3 :: la première partie est à la seconde.

4 : 2 :: la première partie est à la troisième.

Ou (**182**) ces deux autres

4 est à la première partie :: 3 est à la seconde.

4 est à la première partie :: 2 est à la troisième.

De sorte qu'on a ces trois rapports égaux :

4 est à la première partie :: 3 est à la seconde :: 2 est à la troisième.

Or on a vu (**186**) que la somme des antécédents de plusieurs rapports égaux est à la somme des conséquents, comme un antécédent est à son conséquent; on peut donc dire ici que la somme 9 des trois parties proportionnelles à celles que l'on cherche est à la somme 120 de celles-ci, comme l'une quelconque des trois parties proportionnelles est à la partie de 120 qui lui répond.

La règle se réduit donc, 1° à faire une totalité des parties proportionnelles données; 2° à faire autant de règles de trois qu'il y a de parties à trouver, et dont chacune aura, pour premier terme, la somme des parties proportionnelles données; pour second terme, le nombre proposé à diviser; et pour troisième terme, l'une des parties proportionnelles données. Ainsi dans la question que nous avons prise pour exemple, on aurait ces trois règles de trois à faire :

$$9 : 120 :: 4 :$$
$$9 : 120 :: 3 :$$
$$9 : 120 :: 2 :$$

dont on trouvera (**179**) que les quatrièmes termes sont 53 $\frac{1}{3}$, 40, 26 $\frac{2}{3}$ qui ont entre eux les rapports demandés, et qui composent en effet le nombre 120.

Mais il est aisé de remarquer qu'il n'est pas absolument nécessaire de faire autant de règles de trois qu'il y a de parties à trouver : on peut se dispenser de la dernière en retranchant du nombre proposé, la somme des autres parties quand on les a trouvées.

Exemple II.

Trois personnes ont à partager le bénéfice de la prise d'un vaisseau. La première a fait un fonds de 20000^f, la seconde de 60000^f, la troisième de 120000^f; on demande ce qui revient à chacune sur la prise estimée 800000^f tous frais faits.

On voit qu'il s'agit de partager 800000^f en parties qui aient entre elles les mêmes rapports que 20000, 60000, 120000, ou (**170**) que 2, 6, 12, puisque chacun doit avoir proportionnellement à sa mise; il faut donc ajouter les trois parties proportionnelles 2, 6, 12, et faire les trois proportions suivantes ou seulement deux :

$$20 : 800000 :: 2^f : \text{la première partie.}$$
$$20 : 800000 :: 6^f : \text{la seconde partie.}$$
$$20 : 800000 :: 12^f : \text{la troisième partie.}$$

Ces trois parties seront 80000^f, 240000^f, 480000^f.

La question pourrait être plus compliquée et cependant être ramenée aux mêmes principes, comme dans l'exemple qui suit :

Exemple III.

Trois personnes ont mis en société : la première 3000^f, qui ont été pendant 6 mois dans la société; la seconde, 4000^f qui y ont été pendant 5 mois; et la troisième, 8000^f qui y ont resté pendant 9 mois; combien chacun doit-il avoir sur le bénéfice qui monte à 12050^f?

On réduira toutes les mises à un même temps en cette manière :

La mise de 3000ᶠ a dû produire, pendant 6 mois, autant que 6 fois 3000ᶠ ou 18000ᶠ pendant un mois.

La mise de 4000ᶠ a dû produire, pendant 5 mois, autant que 5 fois 4000ᶠ ou 20000ᶠ pendant un mois.

Enfin la mise de 8000ᶠ a dû produire, en 9 mois, autant que 9 fois 8000ᶠ ou 72000ᶠ pendant un mois.

Ainsi la question est réduite à cette autre : les mises des trois associés sont 18000ᶠ, 20000ᶠ, 72000ᶠ; combien revient-il à chacun sur le gain 12050ᶠ ?

En procédant comme dans l'exemple ci-dessus, on trouvera 1971ᶠ 82ᶜ, 2190ᶠ 91ᶜ, 7887ᶠ 27ᶜ.

Remarque au sujet de la règle précédente.

198. Il n'est pas inutile d'examiner un cas qui peut embarrasser les commençants. Si l'on proposait cette question : partager 650 en trois parties, dont la première soit à la la seconde ∷ 5 : 4, et dont la première soit à la troisième ∷ 7 : 3.

On ne peut pas appliquer ici la règle précédente sans une préparation qui consiste à rendre la même, dans chaque rapport donné, la partie proportionnelle de l'une des trois parts cherchées ; par exemple celle de la première : cela s'exécute aisément en multipliant les deux termes de chaque rapport par le premier terme de l'autre rapport ; ainsi les deux rapports 5 : 4 et 7 : 3 seront ramenés à avoir un même premier terme, en multipliant les deux termes du premier par 7, et les deux termes du second par 5, ce qui n'en change pas la valeur (**170**), et donne les rapports 35 : 28 et 35 : 15, en sorte que la question se réduit à partager 650 en trois parties qui soient entre elles comme les nombres 35, 28 et 15, ce qui se fera aisément par la règle précédente.

Si l'on demandait de partager un nombre en quatre parties dont la première fût à la seconde ∷ 5 : 4, la première à la troisième ∷ 9 : 5, et la première à la quatrième ∷ 7 : 3 ; on réduirait ces rapports à avoir un même premier terme, en multipliant les deux termes de chacun par le produit des premiers termes des deux autres ; ainsi dans cet exemple on changerait ces trois rapports en ces trois autres : 315 : 252, 315 : 175, 315 : 135 ; en sorte que la question se réduit à partager le nombre proposé en quatre parties qui soient entre elles comme les nombres 315, 252, 175 et 135.

De quelques autres règles dépendantes des proportions.

199. Quoique les règles suivantes soient d'un usage moins fréquent que les précédentes, nous ne pouvons cependant les omettre absolument : outre qu'elles ne sont pas sans utilité par elles-mêmes, elles sont d'ailleurs propres à faire sentir les usages des proportions.

200. La première dont nous parlerons est la règle d'*une fausse position*. On l'applique souvent à résoudre des questions qui appartiennent à la règle de société, dont elle diffère en ce qu'au lieu de prendre les parties proportionnelles telles qu'elles sont données par l'énoncé de la question, elle en prend une arbitrairement et y subordonne les autres conformément à la question, ce qui rend le calcul un peu plus facile.

Exemple I.

Partager 640 f. à trois personnes, dont la seconde ait le quadruple de la première, et la troisième deux fois et $\frac{1}{3}$ autant que les deux autres ensemble.

Je prends arbitrairement, pour représenter la première partie, le nombre 3, dont je puis prendre commodément le $\frac{4}{3}$.

La première partie étant 3, la seconde sera 12 et la troisième 35.

La question est réduite à partager 640 en trois parties, qui soient entre elles comme les trois nombres 3, 12 et 35, ce qui se fera comme il a été dit (**197**).

La règle de fausse position sert aussi à résoudre des questions qui sont en quelque façon l'inverse de la règle de société, puisqu'il s'agit de revenir de la somme de quelques parties d'un nombre à ce nombre même, comme dans l'exemple qui suit :

Exemple II.

On demande de trouver un nombre dont le $\frac{1}{3}$, le $\frac{1}{5}$ et les $\frac{3}{7}$ fassent 808. Je prends un nombre dont je puisse avoir commodément le $\frac{1}{3}$, le $\frac{1}{5}$ et les $\frac{3}{7}$ (ce qui est facile en multipliant les trois dénominateurs). Ce nombre sera 105 ; j'en prends le $\frac{1}{3}$ qui est 35, le $\frac{1}{5}$ qui est 21, et les $\frac{3}{7}$ qui sont 45 ; j'ajoute ces trois nombres, et j'ai 101 qui est composé des parties de 105, de la même manière que 808 l'est de celles du nombre en question ; donc le nombre en question doit avoir le même rapport à 808 que 105 à 101 ; il doit donc être le quatrième terme d'une proportion qui commencerait par ces trois-ci :

$$101 : 105 :: 808 :$$

Ce quatrième terme est 840, dont 808 renferme en effet le $\frac{1}{3}$, le $\frac{1}{5}$ et les $\frac{3}{7}$.

201. La seconde règle dont nous parlerons est celle de deux fausses positions.

Elle sert dans les questions où il s'agit de partager, non pas le nombre même proposé, mais seulement une partie de ce nombre, en parties proportionnelles à des nombres donnés ; l'exemple suivant fera connaître la règle et son usage.

Exemple III.

Il s'agit de partager 6954 f entre trois personnes, de manière que la seconde ait autant que la première, et 54 f de plus ; et que la troisième ait autant que les deux autres ensemble, et 78 f de plus.

Sans les 54 ᶠ et 78 ᶠ, il est clair qu'il ne s'agirait que de partager le nombre proposé en parties proportionnelles aux nombres 1, 1 et 2; mais puisqu'il faut prélever sur la somme 54 ᶠ pour la seconde personne et 54 ᶠ plus 78 ᶠ pour la troisième, il est évident qu'il n'y a qu'une partie du nombre proposé qu'on doit partager en parties proportionnnelles à 1, 1 et 2. Comme cette partie qui est facile à trouver dans l'exemple actuel peut être plus difficile à apercevoir dans d'autres circonstances, on suit la méthode que voici :

Supposons, pour la première part, tel nombre que nous voudrons, par exemple 1 ᶠ ; la seconde part sera 1 ᶠ plus 54 ᶠ, c'est-à-dire 55 ᶠ ; et la troisième sera 1 ᶠ plus 55 ᶠ plus 78 ᶠ, c'est-à-dire 134 ᶠ : la totalité de ces parts est 190 ᶠ.

S'il n'eût été question que de partager en parties proportionnelles à 1, 1 et 2, la première part étant toujours supposée 1 ᶠ, la seconde serait 1 ᶠ, la troisième serait 2 ᶠ, et la totalité serait 4 ᶠ, dont la différence avec 190 ᶠ, c'est-à-dire 186 ᶠ, est ce qu'il faut prélever sur la somme proposée 6954 ᶠ, ce qui la réduit à 6768 ᶠ ; il reste donc à partager 6768 ᶠ en parties proportionnelles à 1, 1 et 2, selon les règles ci-dessus ; et ayant trouvé que la première partie est 1692 ᶠ, on en conclura que les deux autres parts demandées sont 1746 ᶠ et 3516 ᶠ ; en effet, la totalité de ces trois parts est 6954 ᶠ.

202. On trouve encore, chez les arithméticiens, plusieurs autres règles qui ne sont autre chose que l'application des règles de trois à différentes questions, telles que les questions d'*intérêt*, de *change*, d'*escompte*, etc.

Nous n'entrerons pas dans ces détails qui ne peuvent avoir de difficulté pour ceux qui, ayant bien saisi les principes établis ci-dessus, auront en même temps l'état de la question présent à l'esprit. Nous nous bornerons à un seul exemple.

Une personne a fait à un marchand un billet de 2854 ᶠ payable dans un an ; elle vient acquitter son billet au bout de 7 mois, et le marchand consent de diminuer, pour les 5 mois restants, les intérêts qui ont été compris dans le billet, à raison de 6 pour 100 pour 12 mois ; on demande pour quelle somme le marchand doit rendre ce billet.

Puisque 12 mois produisent 6 pour 100 d'intérêt, 7 mois ont dû produire un intérêt qu'on trouvera en cherchant le quatrième terme d'une proportion dont les trois premiers sont :

$$12 : 7 :: 6 :$$

Ce quatrième terme sera $\frac{42}{12}$ ou $3\frac{1}{2}$. Or, quand l'intérêt a été pris à 6 pour 100, on a compté pour 106 ᶠ ce qui ne valait que 100 ᶠ ; donc quand l'intérêt est à $3\frac{1}{2}$, on compte pour $103\frac{1}{2}$ ce qui ne vaut que 100 ᶠ ; il faut donc actuellement que ce qui devait être payé 106 ne soit plus payé que $103\frac{1}{2}$. Ainsi la somme cherchée doit être le quatrième terme d'une proportion dont les trois premiers sont :

$$106 : 103\frac{1}{2} :: 2854^f :$$

Ce quatrième terme, qui est 2786 ᶠ 69 ᶜ, est la somme que le débiteur doit donner pour retirer son billet.

De la règle d'Alliage.

203. Les questions qui appartiennent à cette règle sont de deux sortes.

Dans l'une il s'agit de trouver la valeur moyenne de plusieurs sortes de choses, dont le nombre et la valeur particulière de chacune sont connus,

Dans la seconde, il s'agit de connaître les quantités de chaque espèce de choses qui entrent dans un ou plusieurs mélanges, lorsqu'on connaît le prix ou la valeur de chaque espèce, et le prix ou la valeur totale de chaque mélange.

Nous réservons les questions de la seconde sorte, pour servir d'application dans l'Algèbre.

Quant aux questions de la première, voici la règle pour les résoudre :

Multipliez la valeur de chaque espèce de choses par le nombre des choses de cette espèce ; ajoutez tous les produits, et divisez la somme par le nombre total des choses de toutes les espèces.

Exemple.

On emploie 200 ouvriers, dont 50 sont payés à raison de 2^f par jour, 70 à raison de $1^f 50^c$, 50 à raison de $1^f 25^c$, et 30 à raison de 1^f ; à combien chaque ouvrier revient-il par jour, l'un portant l'autre ?

50 ouvriers à 2^f »^{c} par jour sont une dépense de	100^f »^{c}
70 — à 1 50 —	105 »
50 — à 1 25 —	62 50
30 — à 1 » —	30 »
	$297^f 50^c$

La dépense des 200 ouvriers est donc de $297^f 50^c$ par jour ; et par conséquent (en divisant par 200) chaque ouvrier revient, l'un portant l'autre, à environ $1^f 49^c$ par jour. Les autres questions de cette espèce sont si faciles à résoudre d'après cet exemple, que nous croyons à propos de ne pas insister sur cette matière.

Des Progressions arithmétiques.

204. La progression arithmétique est une suite de termes dont chacun surpasse celui qui le précède, ou en est surpassé, de la même quantité.

Par exemple, cette suite

$$\div 1 . 4 . 7 . 10 . 13 . 16 . 19 . 22 . 25,\ \text{etc.},$$

est une progression arithmétique, parce que chaque terme y surpasse celui qui le précède d'une même quantité qui est ici 3.

Les deux points séparés par une barre qu'on voit ici à la tête de la progression sont destinés à marquer qu'en énonçant cette progression on doit répéter chaque terme, excepté le premier et le dernier, en cette manière : 1 *est à* 4, comme 4 *est à* 7, comme 7 *est à* 10, etc.

La progression est dite *croissante* ou *décroissante,* selon que les termes vont en augmentant ou en diminuant ; mais comme les propriétés de l'une et de l'autre sont les mêmes, en changeant seulement les mots *plus* en *moins,* ou *ajouter* en *soustraire,* nous la considérerons ici uniquement comme croissante.

205. On voit donc, d'après la définition de la progression arithmétique, qu'avec le premier terme et la différence commune, ou la raison de la progression, on peut former tous les autres termes, en ajoutant consécutivement cette raison ; et que par conséquent :

Le second terme est composé du premier, plus la raison.

Le troisième est composé du second, plus la raison, et par conséquent du premier, plus deux fois la raison.

Le quatrième est composé du troisième, plus la raison ; et par conséquent du premier, plus trois fois la raison, et ainsi de suite.

206. De sorte qu'on peut dire, en général, qu'*un terme quelconque d'une progression arithmétique est composé du premier, plus autant de fois la raison qu'il y a de termes avant lui.*

207. Donc, si le premier terme était zéro, tout autre terme de la progression serait égal à autant de fois la raison qu'il y aurait de termes avant lui.

208. Ce principe peut avoir les deux applications suivantes :

1° Il sert à trouver un terme quelconque d'une progression, sans qu'on soit obligé de calculer ceux qui le précèdent : qu'on demande, par exemple, quel serait le 100° terme de cette progression....

$$\div 4 . 9 . 14 . 19 . 24, \text{ etc.}$$

Puisque ce terme cherché doit être le centième, il a donc 99 termes avant lui ; il est donc composé du premier terme 4 et de 99 fois la raison 5 ; il est donc 4 plus 495, c'est-à-dire 499.

209. 2° Ce même principe sert à lier deux nombres quelconques par une suite de tant d'autres nombres qu'on voudra, de manière que le tout forme une progression arithmétique ; ce qu'on appelle *insérer* entre deux nombres donnés plusieurs *moyens proportionnels arithmétiques,* ou simplement plusieurs *moyens arithmétiques.*

Par exemple, on peut lier 1 et 7 par cinq nombres qui fassent une progression arithmétique avec 1 et 7 ; ces nombres sont 2, 3, 4, 5, 6 ; mais comme il n'est pas toujours aisé de voir, du premier coup d'œil, quels doivent être ces nombres, voici comment on peut les trouver à l'aide du principe que nous venons de poser.

Il ne s'agit que de trouver la raison qui doit régner dans cette progression.

Or le plus grand des deux nombres proposés devant être le dernier terme de la progression, doit être composé du premier, c'est-à-dire du plus petit de ces deux nombres, plus autant de fois la raison qu'il y a de termes avant lui ; donc, si du plus grand de ces deux nombres, on retranche le plus petit, le reste sera composé d'autant de fois la raison qu'il doit y avoir de termes avant le plus grand, c'est-à-dire qu'il est le produit de la multiplication de cette raison par le nombre des termes qui précèdent le plus grand ; donc (**74**) si l'on divise ce reste par le nombre des termes qui doivent précéder le plus grand, on aura cette raison.

Or le nombre des termes qui doivent précéder le plus grand est plus grand d'une unité que les nombres des moyens qu'on veut insérer entre les deux ; donc, *pour insérer, entre deux nombres donnés, tant de moyens arithmétiques qu'on voudra, il faut retrancher le plus petit de ces deux nombres du plus grand, et diviser le reste par le nombre des moyens augmenté d'une unité.* Le quotient sera la différence ou la raison qui doit régner dans la progression.

Par exemple, si, entre 4 et 11, on demande d'insérer 8 moyens arithmétiques ; je retranche 4 de 11, il me reste 7, que je divise par 9, nombre des moyens augmenté de l'unité ; le quotient $\frac{7}{9}$ est la différence qui doit régner dans la progression, qui sera par conséquent :

$$\div 4 . 4\tfrac{7}{9} . 5\tfrac{5}{9} . 6\tfrac{3}{9} . 7\tfrac{1}{9} . 7\tfrac{8}{9} . 8\tfrac{6}{9} . 9\tfrac{4}{9} . 10\tfrac{2}{9} . 11 .$$

Pareillement, si l'on demandait neuf moyens arithmétiques entre 0 et 1, retranchant 0 de 1, il reste 1, qu'il faudrait diviser par 10, nombre des moyens augmenté de l'unité, ce qui donne $\frac{1}{10}$ ou 0, 1 pour la raison. Et par conséquent, la progression sera

$$\div 0 . 0,1 . 0,2 . 0,3 . 0,4 . 0,5 . 0,6 . 0,7 . 0,8 . 0,9 . 1 .$$

210. On voit par là qu'entre deux nombres, si voisins qu'ils puissent être l'un de l'autre, on peut toujours insérer tant de moyens arithmétiques qu'on voudra.

Nous n'en dirons pas davantage sur les progressions arithmétiques, que nous ne traitons ici que par rapport aux logarithmes dont nous parlerons plus bas. Nous aurons occasion d'y revenir ailleurs.

Des Progressions géométriques.

211. La progression géométrique est une suite de termes dont chacun contient celui qui le précède, ou est contenu en lui, le même nombre de fois. Par exemple, cette suite

$$\div 3 : 6 : 12 : 24 : 48 : 96 : 192$$

est une progression géométrique, parce que chaque terme contient celui qui le précède, le même nombre de fois qui est ici 2.

Ce nombre de fois est ce qu'on appelle *la raison* de la progression.

Les quatre points qui précèdent la progression ont la même signification que les deux points qui précèdent la progression arithmétique (**204**). Mais on en met quatre pour avertir que la progression est géométrique.

La progression est dite *croissante* ou *décroissante,* selon que les termes vont en augmentant ou en diminuant.

Nous considérerons toujours la progression géométrique comme croissante, parce que les propriétés sont les mêmes dans l'une et dans l'autre, en changeant le mot de *multiplier* en celui de *diviser,* et celui de *contenir* en ceux de *être contenu.*

Puisque le second terme contient le premier autant de fois qu'il y a d'unités dans la raison, il est donc composé du premier multiplié par la raison.

Puisque le troisième terme contient le second autant de fois qu'il y a d'unités dans la raison, il est donc composé du second multiplié par la raison, et, par conséquent, du premier multiplié par la raison, et encore multiplié par la raison, c'est-à-dire du premier multiplié par le carré, ou la seconde puissance de la raison.

Puisque le quatrième terme contient le troisième autant de fois qu'il y a d'unités dans la raison, il est donc composé du troisième multiplié par la raison, et par conséquent du premier multiplié par le carré de la raison, et encore multiplié par la raison, c'est-à-dire multiplié par le cube, ou la troisième puissance de la raison.

Par exemple, dans *la progression ci-dessus,* 6 est composé du premier terme 3 multiplié par la raison 2 ; 12 est composé du premier terme 3 multiplié par le carré 4 de la raison 2 ; 24 est composé du premier terme 3 multiplié par le cube 8 de la raison 2.

212. En continuant le même raisonnement, on voit qu'*un terme quelconque de la progression géométrique est composé du premier multiplié par la raison élevée à une puissance marquée par le nombre des termes qui précèdent ce terme quelconque.*

Donc, si le premier terme de la progression est l'unité, chaque autre terme sera formé de la raison même élevée à une puissance marquée par le nombre des termes qui le précèdent ; car la multiplication par le premier terme qui est l'unité, n'augmente point le produit.

Pour élever un nombre à une puissance proposée, à la septième par exemple, il faut, suivant l'idée que nous avons donnée des puissances, multiplier ce nombre par lui-même six fois consécutives ; ainsi, pour élever 2 à la septième puissance, je dirais 2 fois 2 font 4, 2 fois 4 font 8, 2 fois 8 font 16, 2 fois 16 font 32, 2 fois 32 font 64, 2 fois 64 font 128, qui serait la septième puissance de 2 ; mais on peut abréger l'opération en diverses manières ; par exemple, je puis d'abord carrer 2, ce qui fait 4, cuber ce 4, ce qui donne 64, et le multiplier par 2, ce qui fait 128 ; ou bien je puis cuber 2, ce qui donne 8, carrer 8, ce qui donne 64, et multiplier 64 par 2, ce qui donne 128 ; en un mot, peu importe de quelle façon on s'y prenne, pourvu que 2 se trouve 7 fois facteur dans le produit.

213. Le principe que nous venons de poser (**212**) sur la formation d'un terme quelconque de la progression, et la remarque que nous venons de faire, peuvent servir à calculer tel terme qu'on voudra de la progression, sans être obligé de calculer ceux qui le précèdent : si l'on demande, par exemple, quel serait le douzième terme de la progression

$$\div 3 : 6 : 12 : 24, \text{ etc.,}$$

comme je sais (**212**) que ce douzième terme doit être composé du premier, multiplié par la raison élevée à une puissance marquée par le nombre des termes qui précèdent ce douzième, je vois que, pour le former, il faut multiplier 3 par la onzième puissance de la raison 2 ; pour former cette onzième puissance, je cube 2, ce qui me donne 8, je cube 8, ce qui me donne 512 pour la neuvième puissance, et enfin je multiplie 512, neuvième puissance de la raison, par 4, seconde puissance, et j'ai 2048 pour la onzième puissance de

2; je multiplie donc 2048 par 3, et j'ai 6144 pour le douzième terme de la progression.

214. Une autre application qu'on peut faire du même principe, c'est pour trouver tant de moyens proportionnels géométriques qu'on voudra entre deux nombres donnés. Si l'on demandait trois moyens géométriques entre 4 et 64, avec un peu d'attention on voit que ces trois moyens géométriques sont 8, 16, 32; en effet, ÷ 4 ∶ 8 ∶ 16 ∶ 32 ∶ 64 forment une progression géométrique; mais si l'on proposait d'autres nombres que 4 et 64, ou que l'on demandât tout autre nombre de moyens géométriques, on ne les trouverait pas aussi facilement.

Or voici comment on peut les trouver en vertu du principe dont il s'agit.

La question se réduit à trouver la raison qui doit régner dans la progression; parce que, quand elle sera trouvée, on formera aisément les termes par des multiplications successives par cette raison.

Qu'il soit question, par exemple, de trouver neuf moyens géométriques entre 2 et 2048.

2048 sera donc le dernier terme d'une progression géométrique qui commence par 2, et qui doit avoir neuf termes entre le premier et le dernier. 2048 est donc composé du premier terme 2 multiplié par la raison élevée à une puissance marquée par le nombre des termes qui doivent précéder 2048; donc (**69**) si l'on divise 2048 par le premier terme, le quotient sera la raison élevée à une puissance marquée par le nombre des termes qui doivent précéder 2048; donc en cherchant quelle est la racine de cette puissance, on aura la raison : or cette puissance doit être la dixième, puisque devant y avoir neuf termes entre 2 et 2048, il y en a nécessairement dix avant 2048 : donc il faut extraire la racine dixième du quotient qu'aura donné le plus grand nombre 2048 divisé par le plus petit 2.

215. Comme on peut faire le même raisonnement dans tous les cas, concluons donc en général que, *pour insérer entre deux nombres donnés tant de moyens géométriques qu'on voudra, il faut diviser le plus grand de ces nombres par le plus petit, ce qui donnera un quotient; on extraira de ce quotient une racine du degré marqué par le nombre des moyens augmenté de l'unité.*

Ainsi, pour revenir à notre exemple, je divise 2048 par 2, ce qui me donne 1024, dont je cherche la racine dixième*, elle est

---

* Nous n'avons pas donné de méthode pour extraire la racine dixième d'un nombre; mais il en est de celle-ci comme de la racine carrée et de la racine cubique :

2; donc la raison est 2 : ainsi pour former les moyens en question, je multiplie le premier terme 2 continuellement par la raison 2; et après avoir formé neuf moyens, je retombe sur 2048, comme on le voit ici.

$$\div\ 2 : 4 : 8 : 16 : 32 : 64 : 128 : 256 : 512 : 1024 : 2048.$$

Pareillement, si l'on demandait de trouver quatre moyens géométriques entre 6 et 48, je diviserais 48 par 6, et du quotient 8 je tirerais la racine cinquième; comme 8 n'a pas de racine cinquième exacte, on ne peut jamais assigner exactement en nombres quatre moyens géométriques entre 6 et 48; mais on peut approcher de cette racine, si près qu'on le voudra, par une méthode analogue à celles de la racine carrée et de la racine cubique, et que nous ferons connaître dans l'Algèbre. En attendant, il suffit qu'on conçoive qu'il est possible de trouver un nombre qui, multiplié quatre fois de suite par lui-même, approche de plus en plus de reproduire 8; et qu'il en est de même pour tout autre nombre et pour toute autre racine; et de là nous conclurons qu'entre deux nombres quelconques on peut toujours trouver tant de moyens géométriques qu'on voudra, soit exactement, soit par une approximation poussée à tel degré qu'on voudra, et c'est tout ce qu'il nous faut pour passer aux logarithmes.

Des Logarithmes.

216. Les *logarithmes* sont des nombres en progression arithmétique qui répondent, terme pour terme, à une pareille suite de nombres en progression géométrique. Si l'on a, par exemple, la progression géométrique et la progression arithmétique suivantes :

$$\div\ 2 : 4 : 8 : 16 : 32 : 64 : 128 : 256,\ \text{etc.}$$
$$\div\ 3 . 5 . 7 . 9 . 11 . 13 . 15 . 17,\ \text{etc.}$$

la racine carrée ne doit avoir qu'un chiffre lorsque le nombre proposé n'en a pas plus de deux; la racine cubique ne doit avoir qu'un chiffre lorsque le nombre proposé n'en a pas plus de trois; pareillement, la racine dixième n'aura jamais qu'un chiffre, tant que le nombre proposé n'en aura pas plus de dix; il en est de même pour les autres racines; la trentième, par exemple, n'aura qu'un chiffre, si le nombre proposé n'a pas plus de trente chiffres; cela se démontre comme on l'a fait pour la racine carrée et la racine cubique.

Chaque terme de la suite inférieure est dit le logarithme du terme qui est à pareille place dans la suite supérieure.

217. Un même nombre peut donc avoir une infinité de logarithmes différents, puisqu'à la même progression géométrique on peut faire correspondre une infinité de progressions arithmétiques différentes. Comme nous ne considérons ici les logarithmes que par rapport à l'usage qu'on peut en faire dans les calculs numériques, nous ne nous arrêterons pas à considérer les différentes progressions géométriques et arithmétiques qu'on pourrait comparer entre elles; nous passons tout de suite à celles qu'on a considérées dans la formation des tables de logarithmes.

218. On a choisi pour progression géométrique, la progression décuple; et pour progression arithmétique, la suite naturelle des nombres, c'est-à-dire qu'on a choisi les deux progressions suivantes :

$$\div 1 : 10 : 100 : 1000 : 10000 : 100000 : 1000000$$
$$\div 0 . 1 . 2 . 3 . 4 . 5 . 6$$

219. Ainsi, il sera toujours aisé de reconnaître quel est le logarithme de l'unité suivie de tant de zéros qu'on voudra, il a toujours autant d'unités qu'il y a de zéros à la suite de cette unité.

Nous n'enseignerons pas ici la méthode qu'on a suivie pour trouver les logarithmes des termes intermédiaires de la progression décuple ; elle dépend de principes que nous ne pouvons exposer ici ; mais nous allons expliquer leur formation par une voie, qui, à la vérité, ne serait pas la plus expéditive pour calculer ces logarithmes, mais qui suffit, tant pour concevoir cette formation, que pour rendre raison des usages auxquels on emploie ces nombres artificiels.

220. D'après la définition que nous avons donnée des logarithmes, on voit que pour avoir le logarithme d'un nombre quelconque, de 3, par exemple, il faut que ce nombre puisse faire partie de la progression géométrique fondamentale. Or, quoiqu'on ne voie pas que 3 puisse faire partie de la progression géométrique $\div 1 : 10 : 100$, etc., cependant on voit que si entre 1 et 10, on insérait un très-grand nombre de moyens géométriques (**214**), comme on monterait alors de 1 à 10 par des degrés d'autant plus serrés que le nombre de ces moyens serait plus grand, il arriverait de deux choses l'une, ou que

8

quelqu'un de ces moyens se trouverait être précisément le nombre 3 ;
ou que du moins, il s'en trouverait deux consécutifs, entre lesquels le nombre 3 serait compris, et dont chacun différerait d'autant moins de 3, que le nombre des moyens insérés serait plus
grand.

Cela posé, si l'on insérait pareillement entre 0 et 1 autant de
moyens arithmétiques qu'on a inséré de moyens géométriques entre
1 et 10, chaque terme de la progression géométrique ayant pour
logarithme le terme correspondant de la progression arithmétique,
on prendrait dans celle-ci, pour logarithme de 3, le nombre qui s'y
trouverait à pareille place que 3 se trouve dans la progression géométrique ; ou si 3 n'était pas exactement quelqu'un des termes de celle-
ci, on prendrait dans la progression arithmétique, le terme qui ré-
pondrait à celui de la progression géométrique, qui approche le plus
du nombre 3.

C'est ainsi qu'on pourrait s'y prendre en effet, si l'on n'avait pas
de moyens plus expéditifs ; quoi qu'il en soit, c'est à cela que revient le calcul des logarithmes.

221. Il faut donc se représenter qu'ayant inséré 10000000
moyens géométriques entre 1 et 10, pareil nombre entre 10 et 100,
pareil nombre entre 100 et 1000, etc., on a inséré aussi pareil nombre de moyens arithmétiques entre 0 et 1, pareil nombre entre 1
et 2, pareil nombre entre 2 et 3 ; qu'ayant rangé tous les premiers sur
une même ligne, et tous les seconds au-dessous, on a cherché dans
la première le nombre le plus approchant de 2, et on a pris dans la
suite inférieure le nombre correspondant ; qu'on a cherché de même
dans la première le nombre le plus approchant de 3, et qu'on a pris
dans la suite inférieure le nombre correspondant ; qu'on en a fait de
même successivement pour les nombres 4, 5, 6, etc. ; qu'enfin ayant
transporté dans une même colonne, comme on le voit dans la table
ci-jointe, les nombres 1, 2, 3, 4, 5, etc., on a écrit dans une colonne à côté les termes de la progresion arithmétique qu'on a
trouvés correspondants à ceux-là, ou du moins à ceux qui en ap-
prochaient le plus ; alors on aura l'idée de la formation des logarithmes et de leur disposition dans les tables ordinaires.

TABLE DES LOGARITHMES DES NOMBRES NATURELS DEPUIS 1 JUSQU'A 200.

NOMBRES	LOGARITH.	NOMBRES	LOGARITH.	NOMBRES	LOGARITH.	NOMBRES	LOGARITH.
0	Infini nég.	51	1,707570	102	2,008600	153	2,184691
1	0,000000	52	1,716003	103	2,012857	154	2,187521
2	0,301030	53	1,724276	104	2,017033	155	2,190332
3	0,477121	54	1,732394	105	2,021189	156	2,193125
4	0,602060	55	1,740363	106	2,025306	157	2,195900
5	0,698970	56	1,748188	107	2,029384	158	2,198657
6	0,778151	57	1,755875	108	2,033424	159	2,201597
7	0,845098	58	1,763428	109	2,057426	160	2,204120
8	0,903090	59	1,770852	110	1,041393	161	2,206826
9	0,954243	60	1,778151	111	2,045323	162	2,209515
10	1,000000	61	1,785330	112	2,049218	163	2,212188
11	1,041393	62	1,792392	113	2,053078	164	2,214844
12	1,079181	63	1,799341	114	2,056905	165	2,217484
13	1,113943	64	1,806180	115	2,060698	166	2,220108
14	1,146128	65	1,812913	116	2,064458	167	2,222716
15	1,176091	66	1,819544	117	2,068186	168	2,225309
16	1,204120	67	1,826075	118	2,071882	169	2,227887
17	1,230449	68	1,832509	119	2,075547	170	2,230449
18	1,255273	69	1,858849	120	2,079181	171	2,232996
19	1,278754	70	1,845098	121	2,082785	172	2,235528
20	1,301030	71	1,851258	122	2,086360	173	2,238046
21	1,322219	72	1,857332	123	2,089905	174	2,240549
22	1,342425	73	1,863325	124	2,093422	175	2,243038
23	1,361728	74	1,869252	125	2,096910	176	2,245513
24	1,380211	75	1,875061	126	2,100371	177	2,247973
25	1,397940	76	1,880814	127	2,103804	178	2,250420
26	1,414973	77	1,886491	128	2,107210	179	2,252853
27	1,431364	78	1,892095	129	2,110590	180	2,255273
28	1,447158	79	1,897627	130	2,113943	181	2,257679
29	1,462398	80	1,903090	131	2,117271	182	2,260071
30	1,477121	81	1,908485	132	2,120574	183	2,262451
31	1,491362	82	1,913814	133	2,123852	184	2,264818
32	1,505150	83	1,919105	134	2,127105	185	2,267172
33	1,518514	84	1,924279	135	2,130334	186	2,269513
34	1,531479	85	1,929419	136	2,133539	187	2,271842
35	1,544068	86	1,934498	137	2,136721	188	2,274158
36	1,556303	87	1,939519	138	2,139879	189	2,276462
37	1,568202	88	1,944483	139	2,143015	190	2,278754
38	1,579784	89	1,949390	140	2,146128	191	2,281033
39	1,591065	90	1,954243	141	2,149219	192	2,283301
40	1,602060	91	1,959041	142	2,152288	193	2,285557
41	1,612784	92	1,963788	143	2,155336	194	2,287802
42	1,623249	93	1,968483	144	2,158362	195	2,290035
43	1,633468	94	1,973128	145	2,161368	196	2,292256
44	1,643453	95	1,977724	146	2,164353	197	2,294466
45	1,653213	96	1,982271	147	2,167317	198	2,296665
46	1,662758	97	1,986772	148	2,170262	199	2,298853
47	1,672098	98	1,991226	149	2,173186	200	2,301030
48	1,681241	99	1,995635	150	2,176091		
49	1,690196	100	2,000000	151	2,178977		
50	1,698970	101	2,004321	152	2,181844		

Les logarithmes renfermés dans cette table n'ont que six chiffres après la virgule; ils en ont sept dans les tables ordinaires; mais cette différence ne nuit en rien à l'usage que nous en ferons ci-après.

222. Remarquons, au sujet de cette table, que le premier chiffre de la gauche de chaque logarithme s'appelle la *caractéristique*, parce que c'est par ce chiffre qu'on peut juger dans quelle décade est compris le nombre auquel appartient ce logarithme; par exemple, si un nombre a pour caractéristique 3, je sais qu'il appartient à des mille, parce que le logarithme de 1000 est 3, et que celui de 10000 étant 4, tout nombre, depuis 1000 jusqu'à 10000 ne peut avoir pour logarithme que 3 et une fraction; il a donc 3 pour caractéristique, et les autres chiffres expriment cette fraction réduite en décimales.

Propriétés des Logarithmes.

223. Comme il ne s'agit ici que des logarithmes tels qu'ils sont dans les tables ordinaires, les propriétés que nous allons exposer ne regardent que les progressions géométriques qui ont l'unité pour premier terme, et les progressions arithmétiques qui ont zéro pour premier terme.

Comparons donc encore, terme à terme, une progression géométrique quelconque, mais dont le premier terme soit l'unité, avec une progression arithmétique aussi quelconque, mais dont le premier terme soit zéro; par exemple, les deux progressions suivantes :

$$\div 1 : 3 : 9 : 27 : 81 : 243 : 729 : 2187 : 6561, \text{ etc.}$$
$$\div 0 . 4 . 8 . 12 . 16 . 20 . 24 . 28 . 32, \text{ etc.}$$

Il suit de la nature et de la correspondance parfaite de ces deux progressions, qu'autant de fois la raison de la première est facteur dans l'un quelconque des termes de cette progression, autant de fois la raison de la seconde est contenue dans le terme correspondant de cette seconde; par exemple, dans le terme 2187, la raison 3 est sept fois facteur, et dans le terme 28, la raison 4 est contenue sept fois.

En effet, selon ce qui a été dit (**206** et **212**), la raison est facteur dans un terme quelconque de la première, autant de fois qu'il y a de termes avant celui-là; et dans la seconde, un terme quelconque est composé d'autant de fois la raison qu'il y a de termes avant lui. Or, il y a le même nombre de termes de part et d'autre.

Concluons de là qu'un terme quelconque de la progression géométrique aura toujours pour correspondant, dans la progression arithmétique, un terme qui contiendra la raison de celle-ci autant de fois que la raison de la première est facteur dans le terme quelconque dont il s'agit.

224. Donc, *si l'on multiplie, l'un par l'autre, deux termes de la progression géométrique, et si l'on ajoute en même temps les deux termes correspondants de la progression arithmétique, le produit et la somme seront deux termes qui se correspondront dans ces progressions.*

Car il est évident que la raison sera facteur dans le produit autant qu'elle l'est, tant dans l'un des termes multipliés que dans l'autre; et que la raison de la progression arithmétique sera contenue dans la somme, autant qu'elle l'est, tant dans l'un des termes ajoutés que dans l'autre.

225. Donc, on peut, par l'addition seule de deux termes de la progression arithmétique, connaître le produit des deux termes correspondants de la progression géométrique, en supposant ces deux progressions prolongées suffisamment.

Par exemple, en ajoutant les deux termes 8 et 24 qui répondent à 9 et 729, j'ai 32 qui répond à 6561 ; d'où je conclus que le produit de 729 par 9 est 6561, ce qui est en effet.

226. Donc, puisque les nombres naturels qui composent la première colonne de la table ci-dessus ont été tirés d'une progression géométrique qui commence par l'unité, et puisque leurs logarithmes sont les termes correspondants d'une progression arithmétique qui commence par zéro, il faut en conclure, qu'*en ajoutant les logarithmes de deux nombres, on a le logarithme de leur produit.*

De là il est aisé de conclure les usages suivants.

Usages des Logarithmes.

227. *Pour faire une multiplication par logarithmes, il faut ajouter le logarithme du multiplicande au logarithme du multiplicateur ; la somme sera le logarithme du produit ; c'est pourquoi, cherchant cette somme parmi les logarithmes des tables, on trouvera le produit à côté ;* par exemple, si l'on propose de multiplier 14 par 13 :

Je trouve dans la petite table ci-dessus, que le logarithme de 14
est. 1,146128
et que celui de 13 est. . . . 1,113943

La somme. 2,260071
répond dans le même tableau au nombre 182, qui est en effet le produit.

228. Pour carrer un nombre, il suffit donc de doubler son logarithme, puisqu'il faudrait ajouter ce logarithme à lui-même pour multiplier le nombre par lui-même.

229. Par une raison semblable, pour cuber un nombre, il faudra tripler son logarithme ; et en général, pour élever un nombre à une puissance quelconque, il faudra prendre son logarithme autant de fois qu'il y a d'unités dans le nombre qui marque cette puissance ; c'est-à-dire, multiplier son logarithme par le nombre qui marque cette puissance ; par exemple, pour élever un nombre à la septième puissance, il faudra multiplier par 7 le logarithme de ce nombre.

230. Donc réciproquement, pour extraire la racine carrée, cubique, quatrième, etc., d'un nombre proposé, il faudra diviser le logarithme de ce nombre par 2, 3, 4, etc., c'est-à-dire, en général, par le nombre qui marque le degré de la racine qu'on veut extraire.

Par exemple, si l'on demande la racine carrée de 144, ayant trouvé dans la table que le logarithme de ce nombre est 2,158362, j'en prends la moitié 1,079181 ; je cherche, parmi les logarithmes, à quel endroit se trouve 1,079181 ; il répond à 12, qui est par conséquent la racine carrée de 144.

Si l'on demande la racine septième de 128, je cherche dans la table son logarithme, que je trouve être 2,107210 ; j'en prends le septième, ou je le divise par 7, et je cherche à quoi répond dans la table le quotient 0,301030 ; il répond à 2, qui est en effet la racine septième de 128.

231. *Pour trouver le quotient de la division d'un nombre par un autre, il faut retrancher le logarithme du diviseur du logarithme du dividende ; chercher dans la table à quel nombre répond le logarithme restant ; ce nombre sera le quotient.*

Par exemple, si l'on veut diviser 187 par 17, je cherche dans la table les logarithmes de ces deux nombres, et je trouve

le logarithme de 187	2,271842
celui de 17	1,230449
La différence.	1,041393

répond, dans la table, à 11, qui est en effet le quotient.

Si la division ne pouvait pas être faite exactement, le logarithme restant ne se trouverait qu'en partie dans la table ; mais nous allons enseigner, ci-après, ce qu'il faut faire dans ce cas.

La raison de cette règle est fondée sur ce que le quotient multiplié par le diviseur, devant reproduire le dividende (**74**), le logarithme du quotient, ajouté (**227**) au logarithme du diviseur, doit donc composer le logarithme du dividende ; et par conséquent le logarithme du quotient vaut le logarithme du dividende, moins celui du diviseur.

232. D'après ce que nous venons de dire, il est très-facile de voir que pour faire une règle de trois par logarithmes, il faut ajouter le logarithme du second terme au logarithme du troisième ; et de la somme retrancher le logarithme du premier.

233. Remarquons que lorsqu'on cherche, dans les tables ordinaires, un logarithme résultant de quelques opérations sur d'autres logarithmes, si l'on ne trouve de différence entre le dernier chiffre de ce logarithme et celui de la table que sur le dernier chiffre seulement[1], on doit regarder cette différence comme nulle ; parce que les logarithmes de tous les nombres intermédiaires à la progression décuple ne sont qu'approchés à environ une demi-unité décimale du septième ordre près.

Des nombres dont les Logarithmes ne se trouvent point dans les tables.

234. Les fractions et les nombres entiers joints à des fractions n'ont pas leurs logarithmes dans les tables ; il en est de même des racines carrées, cubiques, etc. des nombres qui ne sont pas des puissances parfaites du degré de ces racines.

Si l'on demande le logarithme d'un nombre entier joint à une fraction, il faut d'abord réduire le tout en fraction (**86**), et ensuite retrancher le logarithme du dénominateur, du logarithme du nouveau numérateur. Par exemple, pour avoir le logarithme de $8\frac{3}{11}$, je cherche celui de $\frac{91}{11}$, que je trouve en retranchant 1,041393 logarithme de 11, de 1, 959041 logarithme de 91 ; le reste 0,917648 est le logarithme de $8\frac{3}{11}$, puisque $8\frac{3}{11}$ ou $\frac{91}{11}$ n'est autre chose que 91 divisé par 11 (**96**).

235. La même raison prouve que, pour avoir le logarithme d'une fraction, il faut retrancher pareillement le logarithme du dénominateur du logarithme du numérateur ; mais comme cette soustraction ne peut se faire, puisque le logarithme du dénominateur sera plus grand que celui du numérateur, on retranchera au contraire le logarithme du numérateur de celui du dénominateur ; le reste, qui marquera ce dont il s'en faut que la soustraction n'ait pu se faire,

---

[1] Bézout aurait dû dire : si l'on ne trouve de différence entre ce logarithme et celui de la table que sur le dernier chiffre seulement. (*Note de l'éditeur.*)

sera le logarithme de la fraction, en appliquant à ce reste un signe qui marque que la soustraction n'a pas été entièrement faite. Ce signe est celui-ci —, qu'on énonce *moins*. Ainsi le logarithme de la fraction $\frac{44}{91}$ serait — 0,917648 [1].

236. Ce signe est destiné à rappeler, dans le calcul, que les logarithmes des fractions doivent être employés selon une règle tout opposée à celle que nous avons prescrite pour les logarithmes des nombres entiers ou des nombres entiers joints à des fractions, c'est-à-dire que, si l'on a à multiplier par une fraction, il faut retrancher le logarithme de cette fraction ; si, au contraire, l'on a à diviser par une fraction, il faut ajouter son logarithme.

La raison en est, pour la multiplication, que multiplier par une fraction revient à multiplier par le numérateur et à diviser ensuite par le dénominateur; donc, lorsqu'on opère par logarithmes, on doit ajouter le logarithme du numérateur et retrancher ensuite celui du dénominateur, ou, ce qui revient au même, on doit seulement retrancher l'excès du logarithme du dénominateur sur le logarithme du numérateur : or, cet excès est précisément le logarithme de la fraction. A l'égard de la division, la raison en est aussi facile à saisir : en effet, diviser par $\frac{3}{4}$, par exemple, revient (**109**) à multiplier par $\frac{4}{3}$; donc, en opérant par logarithmes, il faut ajouter le logarithme de $\frac{4}{3}$, c'est-à-dire (**234**) la différence du logarithme de 4 au logarithme de 3, ou du logarithme du dénominateur de la fraction proposée au logarithme de son numérateur.

237. Il peut arriver et il arrive assez souvent qu'en convertissant en une seule fraction l'entier et la fraction dont on cherche le logarithme, il peut arriver, dis-je, que le numérateur soit un nombre qui passe les limites des tables; par exemple, si l'on demande le logarithme de $53\frac{824}{5704}$, ce nombre, réduit en fraction, revient à $\frac{303133}{5704}$, dont le numérateur passe les limites des tables les plus étendues.

Il est donc à propos de savoir comment on peut trouver le logarithme d'un nombre qui passe ces limites.

La méthode que nous allons donner n'est pas rigoureuse, mais elle est plus que suffisante pour les usages ordinaires. Avant que de l'exposer, observons :

238. 1° Qu'en ajoutant 1, 2, 3, etc. unités, à la caractéristique

---

[1] Les nombres précédés du signe — se nomment nombres *négatifs*. Nous les ferons connaître plus particulièrement dans l'Algèbre ; en attendant, nous prévenons que c'est en prendre une idée fausse que de les regarder comme des nombres au-dessous de zéro. Il n'y a rien au-dessous de zéro.

du logarithme d'un nombre , on multiplie ce nombre par 10, 100, 1000, etc., puisque c'est ajouter le logarithme de 10 ou de 100 ou de 1000, etc. (**219** et **227**).

2° Au contraire, si l'on retranche 1, 2, 3, etc. unités de la caractéristique d'un logarithme, c'est diviser le nombre correspondant par 10, 100, 1000, etc.

239. Cela posé, qu'il soit question de trouver le logarithme de 357859, par exemple.

Je séparerai par une virgule, sur la droite de ce nombre, autant de chiffres qu'il est nécessaire pour que le reste puisse se trouver dans les tables [1]. Ici, par exemple, j'en séparerai deux, ce qui me donnera 3578,59, qui (**28**) est 100 fois plus petit que le nombre proposé 357859.

Je cherche dans les tables le logarithme de 3578, que je trouve être 3,5536403; je prends en même temps, à côté de ce logarithme [2], la différence 1214, entre ce même logarithme et celui de 3579, après quoi, je fais cette règle de trois : si, pour une unité de différence entre les deux nombres 3579 et 3578,

On a 1214 de différence entre leurs logarithmes,

Combien pour 0,59, différence entre les deux nombres 3578, 59 et 3578, aura-t-on de différence entre leurs logarithmes? c'est-à-dire que je cherche le quatrième terme d'une proportion dont les trois premiers sont :

$$1 \ : \ 1214 \ :: \ 0,59 \ :$$

Ce quatrième terme est 716,26, ou simplement 716 en négligeant les décimales; j'ajoute donc 716 au logarithme 3,5536403 de 3578, et j'ai 3,5537119 pour logarithme de 3578,59 ; il ne s'agit plus, pour avoir celui de 357859, que d'ajouter deux unités à la caractéristique du logarithme qu'on vient de trouver, et on aura 5,5537119 pour le logarithme cherché, puisque 357859 est 100 fois plus grand que 3578,59.

Si les chiffres qu'on doit séparer sur la droite étaient tous des zéros, après avoir trouvé dans les tables le logarithme de la partie qui reste à gauche, il n'y aurait autre chose à faire qu'à ajouter autant d'unités à la caractéristique qu'on aurait séparé de zéros.

240. S'il s'agit du logarithme d'un nombre accompagné de dé-

---

[1] Nous supposons ici que l'on ait entre les mains des tables ordinaires des logarithmes. Celles de M. Rivard et celles de feu M. l'abbé de de la Caille sont exactes et commodes.

[2] Ces différences se trouvent dans les tables à côté des logarithmes mêmes.

cimales, on cherchera ce logarithme, comme si le nombre proposé n'avait point de virgule, et après l'avoir trouvé, soit immédiatement dans les tables, soit par la méthode qu'on vient de donner (**239**), on ôtera autant d'unités à la caractéristique qu'il y a de décimales dans le nombre proposé, parce qu'ayant considéré le nombre comme s'il n'avait point de virgule, c'est-à-dire comme 10, ou 100, ou 1000, etc. fois plus grand qu'il n'est, on doit le rappeler à sa valeur par une diminution convenable sur la caractéristique de son logarithme (**238**).

241. Enfin, s'il n'y a que des décimales dans le nombre proposé, on cherchera encore ce nombre dans les tables, comme s'il n'avait pas de virgule, et ayant pris le logarithme correspondant, on le retranchera d'autant d'unités qu'il y a de décimales dans ce même nombre, et on fera précéder le reste du signe — ; par exemple, pour avoir le logarithme de 0,03, je cherche celui de 3, qui est 0,477121 ; je le retranche de deux unités, et appliquant au reste le signe —, j'ai — 1,522879 pour logarithme de 0,03. En effet, 0,03 n'est autre chose que $\frac{3}{100}$; or, pour avoir le logarithme de $\frac{3}{100}$, il faut (**235**) retrancher le logarithme de 3 de celui de 100, et appliquer au reste le signe —.

Des Logarithmes dont les nombres ne se trouvent point dans les tables.

242. Cette recherche n'est pas moins nécessaire que la précédente. Par exemple, pour la division, il arrive rarement que le quotient soit un nombre entier ; or, si l'on fait l'opération par logarithmes, on ne trouvera dans les tables le logarithme restant, que quand le quotient sera un nombre entier : il y a une infinité d'autres cas de la même espèce.

243. Proposons-nous d'abord de trouver à quel nombre répond un logarithme proposé, soit qu'il excède les limites des tables, soit qu'il tombe entre les logarithmes des tables.

On retranchera de la caractéristique autant d'unités qu'il sera nécessaire pour qu'on puisse trouver dans les tables les premiers chiffres du logarithme proposé ainsi préparé. Si tous les chiffres se trouvent alors dans les tables, le nombre cherché sera le nombre même qu'on trouve à côté dans les tables, mais en mettant à sa suite autant de zéros qu'on aura ôté d'unités à la caractéristique (**238**).

Par exemple, le logarithme 7,2273467 se trouve (après avoir ôté trois unités à la caractéristique) répondre au nombre 16879 ; j'en conclus que le logarithme proposé 7,2273467 répond à 16879000.

Si l'on ne trouve, dans les tables, que les premiers chiffres du logarithme, on se conduira comme dans l'exemple qui suit.

Pour trouver à quel nombre appartient le logarithme 5,2432768, j'ôte deux unités à sa caractéristique; le logarithme 3,2432768, que j'ai alors, tombe entre les logarithmes de 1750 et 1751 ; le nombre auquel il répond est donc 1750 et une fraction.

Afin d'avoir cette fraction, je retranche de mon logarithme 3,2432768, le logarithme de 1750, et j'ai pour différence 2288.

Je prends aussi dans les tables la différence 2481 entre les logarithmes de 1751 et 1750, après quoi je fais cette règle de trois.

Si 2481 de différence entre les logarithmes de 1751 et 1750

Répondent à une unité de différence entre ces nombres,

A quelle différence de nombres doit répondre la différence 2288 entre mon logarithme et celui de 1750 ?

Je trouve pour quatrième terme $\frac{2288}{2481}$; ainsi le logarithme 3,2432768 appartient au nombre 1750 $\frac{2288}{2481}$, à très-peu de chose près ; par conséquent le logarithme proposé, qui appartient à un nombre 100 fois plus grand (**238**), a pour nombre correspondant 175000 $\frac{228800}{2481}$, c'est-à-dire 175092 $\frac{548}{2481}$, ou en réduisant en décimales, il a pour nombre correspondant 175092,22.

244. Si le logarithme proposé tombait entre ceux des tables, il n'y aurait aucune unité à retrancher à la caractéristique, et par conséquent point de zéros à ajouter à la fin de l'opération, qu'on ferait d'ailleurs de la même manière.

245. Mais, comme la proportion que nous employons dans cette méthode n'est pas rigoureusement exacte [1], et qu'elle n'approche de la vérité qu'autant que les nombres cherchés sont grands; si le logarithme proposé tombait au-dessous de celui de 1500, il faudrait, pour plus d'exactitude, ajouter à sa caractéristique autant d'unités qu'on pourrait le faire sans passer les bornes des tables; et, ayant trouvé le nombre qui approche le plus d'y répondre dans les tables, on en séparerait sur la droite autant de chiffres, par une virgule, qu'on aurait ajouté d'unités à la caractéristique, ce qui suffira le plus souvent; mais, si l'on veut avoir plus de décimales, on fera la proportion comme ci-dessus (**243**), et, réduisant le quatrième terme en décimales, on mettra celles-ci à la suite de celles qu'on a déjà trouvées.

[1] Cette proportion suppose que les différences des logarithmes sont proportionnelles aux différences des nombres, ce qui n'est jamais exactement vrai, mais approche assez, quand les nombres sont un peu grands, et cela suffit pour les usages ordinaires.

Par exemple, si l'on demande à quel nombre appartient le logarithme 0,5432725 ; comme ce logarithme tombe entre ceux de 3 et de 4, et que le nombre auquel il appartient est par conséquent beaucoup au-dessous de 1500, je cherche ce logarithme avec trois unités de plus à sa caractéristique, c'est-à-dire que je cherche 3,5432725 ; je trouve qu'il tombe entre les logarithmes de 3493 et 3494, d'où je conclus que le nombre cherché est 3,493, à moins d'un millième près. Mais si cette approximation ne suffit pas, je prendrai la différence entre mon logarithme et celui de 3493, c'est-à-dire 739 ; je prendrai pareillement la différence 1243 entre les logarithmes de 3494 et 3493, et je chercherai, en raisonnant comme ci-dessus (**243**), le quatrième terme d'une proportion qui commencerait par ces trois-ci :

$$1243 : 1 :: 739 :$$

Ce quatrième terme, évalué en décimales, est 0,594 ; donc le nombre cherché est 3,493594.

Au reste, cette seconde approximation est bornée, parce que les logarithmes des tables n'étant exacts qu'à environ une demi-unité décimale du septième ordre près, les différences sont affectées de ce léger défaut ; mais on peut toujours pousser l'approximation, avec confiance, jusqu'à trois décimales : au surplus il est rare qu'on ait besoin d'aller jusque-là. La remarque que nous faisons doit diriger aussi dans l'usage que nous avons fait ci-dessus (**239** et **243**) de la même proportion.

246. Si l'on veut avoir la fraction à laquelle répond un logarithme négatif proposé, on retranchera ce logarithme de 1, ou 2, ou 3, ou 4, etc. unités, selon l'étendue des tables ; et après avoir trouvé le nombre qui répond au logarithme restant, on en séparera sur la droite, par une virgule, autant de chiffres qu'il y aura eu d'unités dans le nombre dont on aura retranché le logarithme.

Par exemple, si l'on demande à quelle fraction appartient — 1,532732, je retranche 1,532732 de 4, et il me reste 2,467268 qui dans les tables se trouve entre les logarithmes de 293 et de 294 ; j'en conclus que la fraction cherchée est entre 0,0294 et 0,0293 ; c'est-à-dire qu'elle est 0,0293, à moins d'un dix-millième près. En effet, retrancher de 4 le logarithme proposé 1,532732, c'est (**236**) multiplier 10000 par la fraction à laquelle appartient ce même logarithme proposé, ou (ce qui est la même chose) c'est multiplier cette fraction par 10000 ; donc le nombre qu'on trouve est 10000 fois trop grand, il faut donc le compter pour des dix-millièmes.

Tout ce que nous venons de dire trouvera abondamment des applications par la suite. Bornons-nous, quant à présent, à donner une idée, par quelques exemples, des avantages que les logarithmes procurent pour la facilité et la promptitude des calculs.

Exemple I.

On demande le quotient de 17954 divisé par 12836, approché jusqu'à moins d'un dix-millième près.

Logarithme de 17954. . . . 4,254161
Logarithme de 12836. . . . 4,108430
Reste. 0,145731

Ce reste, cherché dans les tables, avec une caractéristique plus forte de quatre unités, répond à 13987; donc (**238**) le quotient cherché est 1,3987.

Exemple II.

On demande la racine cubique de 53, à moins d'un millième près.

Le logarithme de 53 est. . . 1,724276
Son tiers (**230**) est. 0,574759

Ce dernier, cherché dans les tables avec une caractéristique plus forte de trois unités, répond à 3756, donc (**238**) la racine cherchée est 3,756.

Pour juger de l'avantage des logarithmes, on n'a qu'à chercher cette racine par la méthode donnée (**156**). Il ne faut pas pour cela regarder cette dernière comme inutile; car elle s'étend à une infinité de nombres auxquels les logarithmes n'atteindraient pas, par rapport aux bornes des tables.

Exemple III.

Veut-on avoir, à moins d'un centième près, la racine cinquième du cube de 5736 ?

On triplera le logarithme 3,758609 de 5736, et on aura 11,275827 pour logarithme du cube de 5736. Prenant le cinquième de ce dernier logarithme, on a 2,255165 pour logarithme de la racine cinquième du cube de 5736. Ce logarithme, cherché dans les tables, avec une caractéristique plus forte de deux unités, pour avoir des centièmes, répond entre les nombres 17995 et 17996 ; la racine cherchée est donc 179,95 à moins d'un centième près.

Exemple IV.

Qu'il soit question de trouver quatre moyens proportionnels géométriques entre $2\frac{2}{3}$ et $5\frac{3}{4}$?

Il faudrait (**215**) pour avoir la raison qui doit régner dans la progression, diviser $5\frac{3}{4}$ par $2\frac{2}{3}$, et extraire la racine cinquième du quotient.

Par logarithmes, cette opération est très-simple. Je détermine par les tables le logarithme de $5\frac{3}{4}$ ou $\frac{23}{4}$; c'est 0,759668. Je détermine pareillement le logarithme de $2\frac{2}{3}$; c'est 0,425969. Je retranche donc (**231**) ce logarithme du premier, et j'ai 0,333699 ; prenant donc (**230**) le cinquième de ce dernier, j'ai 0,066740 pour le logarithme de la raison cherchée. Ce logarithme, cherché dans les tables, avec une caractéristique plus forte de quatre unités pour avoir quatre décimales, répond à 11661, à moins d'une unité près ; donc la raison est 1,1661, à moins d'un dix-millième près. Il ne s'agit donc plus, pour avoir les moyens proportionnels, que de multiplier le premier terme $2\frac{2}{3}$, par 1,1661, puis le produit par 1,1661, et ainsi de suite.

Mais ces opérations peuvent être faites beaucoup plus promptement, à l'aide des logarithmes, en ajoutant consécutivement au logarithme 0,0425969 du premier terme $2\frac{2}{3}$, le logarithme 0,066740 de la raison, son double, son triple et son quadruple ; en sorte qu'on aura 0,492709 ; 0,559449 ; 0,626189 ; 0,692929 pour les logarithmes des quatre moyens proportionnels demandés. Et si l'on cherche ces logarithmes, dans les tables, avec trois unités de plus à la caractéristique, on trouve que ces quatre moyens proportionnels sont 3,109 ; 3,626 ; 4,228 ; 4,931.

Remarque.

COMPLÉMENTS ARITHMÉTIQUES. Lorsque dans une opération où l'on fait usage des logarithmes, il s'en trouve quelques-uns que l'on doit retrancher, on peut simplifier l'opération par l'observation suivante :

Lorsqu'on a à retrancher un nombre quelconque d'un autre qui est l'unité suivie d'autant de zéros qu'il y a de chiffres dans le premier, l'opération se réduit à écrire la différence entre 9 et chacun des chiffres du nombre proposé, à l'exception du dernier, pour lequel on écrit la différence entre 10 et ce chiffre. Par exemple, si j'ai 526927 à retrancher de 1000000 ; je retranche successivement les chiffres 5, 2, 6, 9, 2, de 9 ; et le dernier chiffre, je le retranche de 10, et j'ai 473075 pour reste.

Ce reste est ce qu'on appelle le *complément arithmétique* du nombre proposé.

La soustraction faite de cette manière étant trop simple pour pouvoir être comptée pour une opération, il s'ensuit que lorsqu'on aura à former un résultat de l'addition et de la soustraction de plusieurs nombres, on pourra toujours réduire l'opération à l'addition. Par exemple, s'il s'agit d'ajouter les deux nombres 672736, 426452, et de retrancher de leur somme les deux nombres 432752, 18675, ce qui exige deux additions et une soustraction, je substitue à cette opération la suivante :

	672736
	426452
complément arithmétique de 432752.	567248
complément arithmétique de 18675.	981325
somme.	2647761

c'est-à-dire que j'ajoute ensemble les deux premiers nombres proposés et les compléments arithmétiques des deux derniers ; la somme est 2647761. Il faut en supprimer le premier chiffre 2, et les chiffres restants 647761 sont le résultat cherché.

La raison de cette opération est facile à sentir, en remarquant que, si au lieu de retrancher 432752, comme on le proposait, j'ajoute son complément arithmétique, c'est-à-dire 1000000 moins 432752, je fais en même temps la soustraction proposée et une augmentation de 1000000, c'est-à-dire d'une dizaine au premier chiffre du résultat ; donc pour chaque complément arithmétique que j'aurai introduit, j'aurai une dizaine de trop à l'égard du premier chiffre du résultat.

L'application de ceci aux logarithmes est évidente.

Qu'il soit question, par exemple, de diviser 3760 par 79. Il faudrait retrancher le logarithme de 79 de celui de 3760. Au lieu de cette opération, j'écris :

logarithme 3760.	3,575188
complément arithmétique du logarithme de 79. .	8,102373
somme.	11,677561

Ainsi 1,677561 est le logarithme du quotient, et répond à 47,59 à moins d'un centième près.

Supposons, pour second exemple, qu'il soit question de multiplier $\frac{675}{527}$ par $\frac{952}{377}$; il faudrait (**106**) multiplier 675 par 952, et 527 par 377, puis diviser le premier produit par le second. Par logarithmes, on opérera ainsi :

logarithme 675.	2,829304
logarithme 952.	2,978637
complément arithmétique du logarithme de 527. .	7,287189
complément arithmétique du logarithme de 377. .	7,423659
somme.	20,509789

le logarithme du produit est donc 0,509789, qui, cherché avec trois unités de plus à la caractéristique, répond à 3,234.

On peut faire usage du complément arithmétique pour mettre les logarithmes des fractions sous la même forme que ceux des nombres entiers, et les employer de même dans le calcul; par là on évitera la distinction des logarithmes négatifs et des logarithmes positifs. Il suffira de se souvenir que la caractéristique du logarithme des fractions proprement dites est trop forte de 10 unités.

Par exemple, pour avoir le logarithme de $\frac{3}{4}$, qui n'est (**96**) autre chose que 3 divisé par 4, au lieu de retrancher le logarithme de 4 de celui de 3, c'est-à-dire de retrancher le logarithme de 3 de celui de 4, et de donner au reste le signe — (**235**) au logarithme de 3, j'ajoute le complément arithmétique du logarithme de 4 :

logarithme 3.	0,477121
complément arithmétique du logarithme 4. . . .	9,397940
somme.	9,875061

Cette somme est le logarithme de $\frac{3}{4}$, dont la caractéristique est trop forte de 10 unités. Or, il n'est pas nécessaire de faire actuellement la diminution; on peut la rejeter à la fin des opérations dans lesquelles on emploiera ce logarithme.

La même règle s'applique aux fractions décimales; ainsi, pour avoir le logarithme de 0,575, qui n'est autre chose que $\frac{575}{1000}$, au logarithme de 575, j'ajouterais le complément arithmétique du logarithme de 1000.

En employant ainsi les compléments arithmétiques, au lieu des logarithmes négatifs des fractions, il n'en est pas plus difficile de trouver dans les tables les valeurs en décimales de ces mêmes fractions. Dès que je saurai qu'un logarithme proposé est ou renferme un ou plusieurs compléments arithmétiques, je sais que sa caractéristique est trop forte d'autant de dizaines qu'il y entre de compléments arithmétiques ; ainsi si elle passe ce nombre de dizaines, il sera facile de la diminuer, et de trouver le nombre auquel appartient ce logarithme, et qui sera un nombre entier ou un nombre entier joint à une fraction.

Mais si la caractéristique est au-dessous du nombre des dizaines qu'elle est censée renfermer de trop, elle appartient certainement à une fraction que je trouverai en cette manière ; je chercherai, par ce qui a été dit (**242** et suiv.) à quel nombre répond le logarithme proposé ; et lorsque je l'aurai trouvé, j'en séparerai, par une virgule, autant de dizaines de chiffres sur la droite, qu'il y aura de dizaines de trop dans la caractéristique.

Par exemple, si l'on me donnait 8,732235 pour logarithme résultant d'une opération dans laquelle il est entré un complément arithmétique ; je vois, puisque sa caractéristique est au-dessous d'une dizaine, qu'il appartient à une fraction. Je cherche d'abord (**242**) à quel nombre répond 8,732235, considéré comme logarithme de nombre entier ; je trouve qu'il répond à 539802500 ; séparant 10 chiffres, j'ai 0,0539802500 pour valeur très-rapprochée de la fraction qui répond au logarithme proposé.

Mais comme il est très-rarement nécessaire d'avoir ces fractions à un tel degré de précision, on abrégera, en diminuant tout de suite la caractéristique du logarithme proposé, autant qu'il est nécessaire pour la faire tomber parmi celle des tables, et prenant seulement le nombre correspondant, on séparera autant de chiffres de moins que ne le prescrit la règle précédente, autant de moins, dis-je, qu'on aura ôté d'unités à la caractéristique. Ainsi, dans le cas présent, je diminuerais la caractéristique de 5 unités ; et ayant trouvé que le nombre correspondant est 5398, j'en séparerais seulement cinq chiffres, et j'aurais 0,05398.

Dans les élévations aux puissances, il faudra observer, qu'en multipliant (**229**) le logarithme par le nombre qui marque le degré de la puissance, il se trouvera qu'on multipliera aussi ce dont la caractéristique se trouvera être trop forte. Ainsi, en élevant au cube, par exemple ; s'il entre un complément arithmétique dans le logarithme proposé, c'est-à-dire si la caractéristique est trop forte de 10 unités, celle du logarithme du cube sera trop forte de 30 unités, et ainsi

9

des autres. Il sera donc facile de la ramener à sa juste valeur.

Dans les extractions des racines, pour éviter toute méprise, lorsqu'il entrera des compléments arithmétiques dans les logarithmes dont on fera usage, on aura soin d'ajouter ou d'ôter à la caractéristique autant de dizaines qu'il est nécessaire pour que ce dont elle sera trop forte soit précisément d'autant de dizaines qu'il y a d'unités dans le nombre qui marque le degré de la racine : et ayant, conformément à la règle ordinaire, divisé par le nombre qui marque le degré de la racine, la caractéristique sera trop forte précisément de 10 unités.

Par exemple, si l'on demande la racine cubique de $\frac{276}{547}$; au logarithme de 276, j'ajoute le complément arithmétique de celui de 547.

Logarithme 276. 2,440909
complément arithmétique du logarithme de 547. . 7,262013
                                                 ‾‾‾‾‾‾‾‾‾
                        somme. 9,702922
à la caractéristique de laquelle j'ajoute. 20,
                                                 29,702922

afin qu'elle devienne trop forte de trois dizaines, et j'ai 29,702922 dont le tiers 9,900974 est le logarithme de la racine cubique demandée, mais avec dix unités de trop à la caractéristique ; ainsi, conformément à ce qui a été observé ci-dessus, je trouve que cette racine cubique est 0,7961 à moins d'un millième près.

L'usage des compléments arithmétiques est principalement utile dans les calculs de la trigonométrie, et par conséquent dans plusieurs des opérations du pilotage que l'on veut faire avec une certaine exactitude.

Tableau des principales monnaies étrangères,

D'APRÈS L'ANNUAIRE DU BUREAU DES LONGITUDES, AVEC LES SUBDIVISIONS DES *Monnaies de compte*, OU MONNAIES, SOIT RÉELLES, SOIT FICTIVES, USITÉES POUR LES COMPTES ET LES CALCULS.

NOTA. Les monnaies de compte sont en caractères italiques.

		Poids légal en gramm.	Titre légal.	Valeur en francs.
	ANGLETERRE.			
Or.	*Livre sterling*, ou souverain. (La livre sterling se divise en 20 *shillings* ou *sous* sterlings, et le shilling en 12 *pences* ou *deniers*.)	7,984	947	25,21
	Guinée de 21 shillings.	8,380	947	26,47
Arg.	Crown, ou couronne de 5 shillings nouveaux.	28,251	925	5,81
	Shilling nouveau.	5,650	925	1,16
	AUTRICHE.			
Or.	Ducat impérial. . . . . • . .	» »	984	11,81
	Souverain.	11,112	949	35,17
Arg.	Rixdale de convention.	28,064	833	5,19
	Florin, ou gulden. (Il se divise en 60 *kreutzers*.).	14,032	833	2,60
	BADE.			
Or.	Pièce de 10 florins.	6,878	902	21,37
	Pièce de 5 florins.	3,439	902	10,68
Arg.	Pièce de 3 florins nouveaux, ou gulden. . .	32,795	871	6,35
	Florin nouveau. (Se divise en 60 *kreutzers*.)	10,932	871	2,11
	BAVIÈRE.			
Or.	Carolin de 3 florins d'or.	9,744	771	25,66
	Maximilien de 2 florins d'or.	6,496	771	17,18
Arg.	Couronne, ou Krontaler.	29,540	872	5,72
	Ecu de convention de 3 florins $\frac{1}{2}$. (Le *florin* d'argent se divise en 60 *kreutzers*.) . . .	37,120	900	7,39
	BELGIQUE.			
	Système monétaire français.			
	DANEMARK. — MONNAIE DE COMPTE.			
	Rixdale de banque. (La *rixdale* se divise en 6 *marcs*, et le marc en 16 *shillings*.) . .	» »	»	2,80

		Poids légal en gramm.	Titre légal.	Valeur en francs.
	ESPAGNE.			
	MONNAIES DE COMPTE. *Réal de Plata* (d'argent) de 34 *maravédis* de Plata.	» »	»	0,54
	Réal de veillon (de billon) de 34 *maravédis* de veillon.(Dans le change,8 réaux font une piastre, et 4 piastres font une pistole de change.)	» »	»	0,27
Or.	Quadruple, ou 4 pistoles, ou doublon, avant 1772.	27,045	917	85,42
	Id. de 1772 à 1786.	27,045	904	83,93
	Id. depuis 1786.	27,045	875	81,51
	Double pistole, pistole et demi-pistole, à proportion.			
	Petit écu d'or, ou veinten, avant 1772. . .	1,753	902	5,46
Arg.	Piastre aux deux globes, avant 1772. . . .	27,045	917	5,49
	Id. à l'effigie, depuis 1772.	27,045	903	5,43
	1/2, 1/4, 1/8, etc., de piastre, à proportion.			
	ÉTATS DE L'ÉGLISE.			
Or.	Pistole de Pie VI et Pie VII.	5,471	917	17,28
	Sequin de Clément XIV, 1769 et success.	3,426	1000	11,80
	1/2 pistole et 1/2 sequin, à proportion.			
Arg.	*Teston,* ou *écu de* 10 *pauls,* ou piastre.(La piastre se divise en 10 *pauls,* et le paul en 10 *baïoques.*).	26,437	917	5,41
	Teston de 30 baïoques.	7,932	917	1,62
	ÉTATS SARDES.			
	Système monétaire français. L'unité est la *lira* qui est égale au franc.			
	ÉTATS-UNIS.			
Or.	Double aigle de 10 dollars, depuis 1840. .	17,480	917	55,21
	id. id. depuis 1837. .	16,770	900	54,98
	Aigle de 5 dollars et 1/2 aigle, à proportion.			
Arg.	*Dollar.* (Il se divise en 100 *cents.*).	27,000	903	5,42
	Dollar, depuis 1837.	26,812	900	5,41
	1/2, 1/4, 1/10, en proportion.			
	FRANCFORT-S.-M.			
	MONNAIES DE COMPTE. *Rixdale* de 90 *kreutzers* d'empire.	» »	»	3,24
	Florin d'empire de 60 kreutzers.	» »	»	2,16
Or.	Ducat (ad legem imperii).	3,490	986	11,85
Arg.	Ecu de convention (30 juill. 1838) de 3 flor.½.	37,120	900	7,39
	HAMBOURG.—MONNAIES DE COMPTE.			
	Marc lub, ou banco. (Le *marc lub* se divise			

		Poids légal en gramm.	Titre légal.	Valeur en francs.
	en 16 sous lubs, et le sou lub en 12 *de-niers* lubs.).			1,87
Or.	Ducat (ad legem imperii).	3,490	986	11,85
	Ducat nouveau de la ville.	3,488	979	11,76
Arg.	Rixdale ancienne de constitution.	29,233	889	5,78
	Marc de 16 shillings, convention de Lubeck.	9,164	750	1,53

HOLLANDE.

Or.	Ducat de Hollande.	3,482	982	11,78
	id. de Guillaume.	3,490	986	11,85
	Ryders.	9,940	917	31,40
	10 florins de Guillaume, de 1818.	6,729	900	20,85
Arg.	3 florins des Provinces-Unies et Louis-Napoléon.	31,550	910	6,38
	3 florins, depuis 1818.	32,298	893	6,41
	1 *florin*. (Il se divise en 100 *cents*.). . . .	10,766	893	2,14

LOMBARD-VÉNITIEN (ROYAUME).

Or.	Ecu (scudo d'oro).	41,908	1000	144,35
	Oselle (ozella d'oro)	13,969	1000	48,11
	Sequin.	3,452	1000	11,89
	Ducat.	2,178	1000	7,50
	Pistole de Milan, ou doppia.	6,320	908	19,76
	Souverain (patente dé 1823).	11,332	900	35,13
Arg.	Ecu de 6 livres (patente de 1823).	25,986	900	5,20
	Livre. (Elle se divise en 100 centimes.). .	4,331	900	0,86

NAPLES.

Or.	Décuple de 30 ducats (loi de 1818).	37,867	996	129,91
	Quintuple de 15 ducats.	18,933	996	64,95
	3 ducats, ou once nouvelle.	3,787	996	12,99
Arg.	*Ducat*. depuis 1804. (Il se divise en 100 *grains*, dont 10 font 1 carlin.).	22,943	833	4,24
	Pièce de 12 carlins, ou de 120 grains. . .	27,533	833	5,10

PORTUGAL.

Or.	MONNAIES DE COMPTE. Le *milreis*, ou 1000 reis. Dobrao de 20,000 reis, jusqu'en 1832. . .	53,699	917	169,61
	1/2, 1/5, 1/10, 1/20, à proportion. Portugaise (moeda douro), ou Lisbonine de 4,000 reis.	10,752	917	33,96
	1/2, 1/4, à proportion. Dobra de 12,800 reis.	28,629	917	90,43
	1/2 (meia dobra), ou portugaise de 6,400 reis.	14,334	917	45,27
	Cruzade d'or, neuve de 480 reis.	1,062	917	3,35
Arg.	Cruzade neuve de 480 reis.	14,633	903	2,94
	— de 1,000 reis.	» »	»	6,12

		Poids légal en gramm.	Titre légal.	Valeur en francs.
	PRUSSE.			
Or.	Ducat fin.	3,490	986	11,85
	Frédéric depuis 1752.	6,682	903	20,78
	Double et 1/2, à proportion.			
Arg.	Ecu, *rixdale* ou *thaler* de 30 *silbergros*. .	22,273	750	3,71
	1/6 d'écu, ou 5 silbergros.	5,344	516	0,61
	1/30 id., ou 1 silbergros.	2,192	222	0,11
	Ecu de convention (30 juillet 1838), ou 2 thalers.	37,120	900	7,39
	RUSSIE.			
Or.	Ducat à l'aigle éployée de 1755 à 1763. .	3,495	979	11,78
	Id. id. de 1763.	3,473	969	11,59
	Impériale de 10 roubles de 1755 à 1763. .	16,585	917	52,38
	Id. depuis 1763.	13,072	917	41,29
	Pièce de 5 roubles, à proportion.			
Plat.	Pièce de 12 roubles.	41,400	»	48,00
	6 roubles et 3 roubles, à proportion.			
Arg.	*Rouble* de 100 *kopecks* depuis 1798. . . .	20,640	874	4,00
	id. de 1763 à 1798.	24,011	750	4,00
	SUÈDE.			
Or.	Ducat (1/2 et 1/4, à proportion).	3,482	976	11,70
Arg.	*Rixdale* spéciés, ou écu nouveau, de 48 *shillings*.	33,925	750	5,66
	Rixdale de 1720 à 1802.	29,508	878	5,75
	SUISSE.			
Or.	32 franken de la république helvétique, de 1799 à 1804.	15,297	904	47,63
	16 id.	7,648	904	23,81
Arg.	4 id.	30,049	900	6,00
	2 id.	15,025	900	3,00
	1 id. (monnaie de compte).	7,512	900	1,50
	MONNAIES DE BALE.			
	MONNAIES DE COMPTE.—*Livre* de 20 *sous, sou* de 12 *deniers*.			
Or.	Ducat ancien.	3,400	917	10,74
	Pistole.	7,649	894	23,47
	Florin.	3,187	695	7,63
Arg.	Ecu de 30 batz, ou 2 florins.	23,386	878	4,56
	Florin de 15 *batz*.	11,693	878	2,28
	Ecu de 40 batz, depuis 1798.	29,480	904	5,90
	MONNAIES DE BERNE.			
Or.	Ducat (8, 6, 4, 2, à proportion).	3,452	979	11,64
	Pistole.	7,648	902	23,76
Arg.	Ecu.	29,426	903	5,90
	4 franken de 1799.	29,370	901	5,88

MONNAIES DE GENÈVE.	Poids légal en gramm.	Titre légal.	Valeur en francs.
Or. Pistole ancienne, 1722.	6,772	906	21,13
3 pistoles neuves.	17,103	914	53,84
Arg. Patagon de 3 livres courantes.	27,248	854	5,17
Genévoise, ou gros écu.	30,382	868	5,86

TOSCANE.

	Poids légal en gramm.	Titre légal.	Valeur en francs.
MONNAIES DE COMPTE.—La *livre* de 20 *sous* à 12 *deniers.*			0,84
La *piastre* de 8 réaux, qui se divise en 20 *sous* de 12 *deniers.*			4,89
Or. Triple sequin, ou ruspone au lys.	10,464	1000	36,04
Sequin à l'effigie.	3,488	1000	12,01
Pistole de Florence, ou doppia.	6,692	915	21,09
Rosine, ou pièce à la rose.	6,976	896	21,54
Arg. Francescone, ou livournine, ou talaro, ou léopoldine, ou écu de 10 pauls.	27,507	947	5,64
8 pauls, 5, 2, 1, à proportion.			

TURQUIE.

	Poids légal en gramm.	Titre légal.	Valeur en francs.
MONNAIE DE COMPTE. — La *piastre* de 100 *aspres.*			
Or. Sequin zermahboub d'Abd-el-Hamyd, 1774.	2,642	958	8,72
Roubyeh, ou 1/4.	0,881	802	2,43
Sequin de Selim III.	2,642	802	7,30
Arg. Altmichlec de 60 paras, depuis 1774. . . .	28,882	550	3,53
Piastre de 40 paras, ou 120 aspres, 1770. .	18,015	500	2,00
Pièce de 5 piastres de 1811.	»	»	4,14

WURTEMBERG.

	Poids légal en gramm.	Titre légal.	Valeur en francs.
MONNAIE DE COMPTE.—Le *florin* de 12 *kreutz.*			2,16
Or. Ducat, depuis 1744.	3,490	986	11,85
Florin, ou carolin.	9,744	771	25,87
Arg. Rixdale.	28,064	833	5,19
Kronen-thaler, ou gros écu.	29,500	870	5,70
Ecu de convention (30 juillet 1838), ou 3 florins ½, ou 2 thalers.	37,120	900	7,39

Tableau des Poids et Mesures des Pays étrangers,

INDIQUANT LEUR RAPPORT AVEC LE SYSTÈME MÉTRIQUE.

Nota. Le signe = signifie *égale*.

ANGLETERRE.

	kilog.		mèt.
Poids. Livre troy=12 onces.	0,37309	Long. Fathom (toise)=2 yards.	1,828
Once=20 pennyweights.		Yard=3 pieds.	0,914
Pennyweight=24 grains.		Pied=12 pouces.	
Livre avoir du poids=16		Pouce=12 lignes.	lit.
onces.	0,4534	Capac. Bushel=8 gallons . .	36,347
Once=16 drachm.		Gallon=8 pints.	4,543

AUTRICHE.

	kilog.		mèt.
Poids. Livre commerciale =		Long. Toise=6 pieds.	1,896
16 onces.	0,560	Pied=12 pouces.	
Once=2 loths.		Pouce=12 lignes.	lit.
Loth=4 drachmes.	mèt.	Capac. Eimer=4 viertels. . .	58
Long. Aune de Vienne. . . .	0,7792	Viertel=10 maas.	

BADE.

	kilog.		mèt.
Poids. Livre=10 zehnlings.	0,5	Long. Pied=10 pouces.	0,3
Zehnling=10 centass.	lit.	Pouce=10 lignes.	
Capac. Ohm=100 maas. . .	150	Aune=2 pieds.	

BAVIÈRE.

	kilog.		mèt.
Poids. Livre d'Augsbourg =		Long. Pied=12 pouces. . . .	0,292
2 marcs.	0,472	Pouce=12 lignes.	
Marc=16 loths.		Ligne=12 points.	
Loth=4 quintins.		Aune d'Augsbourg (grande).	0,6095
Livre nouvelle de Bavière. .	0,56	id. (petite).	0,5923

BELGIQUE. — Système métrique.

DANEMARK.

	kilog.		mèt.
Poids. Livre=16 onces.	0,499	Long. Aune=2 pieds.	0,6275
Once=2 loths.		Pied.	0,3137

ESPAGNE.

Poids. Livre=16 onces . . . . . 0,46 *kilog.*
    Once=8 ochavos ou drachmes.
    Ochavo=72 grains.
Capac. *Vin.* Cantaro ou grand *lit.*
    Arrobe=8 azumbres. . . 15,987
    Azumbre=4 cuartillos.
    Huile. Arrobe=4 cuartillos. 12,63
    Cuartillo=25 cuarterones

Long. Estado (toise)=6 pieds. 1,6959 *mèt.*
    Pied=12 pouces.
    Pouce=12 lignes.
    Vare de Castille (pour étof-
      fes)=4 palmes. 0,8479
    Palme=12 doigts.
    Doigt=12 lignes.

ÉTATS DE L'ÉGLISE.

Poids. Livre de Rome=12 onc. 0,339 *kilog.*
    Once=24 denari.

Long. Canne de Rome=8 palm. 1,992 *mèt.*
    Brasse de Rome=4 palmes.. 0,848

ÉTATS SARDES.

Poids. Livre forte de Gênes= *kilog.*
        12 onces. 0,3488
    Id. petite=12 onces. 0,3171
    Livre de Nice=12 onces. . 0,3116
    Livre de Turin=12 onces.. 0,3688
    Once=8 ottavi.
    Ottavo=3 denari.

Long. Raso de Turin.. . . . . 0,5994 *mèt.*
    Palme de Gênes.. 0,2483
    Pan de Nice. 0,2615
Capacité. Rubbio de Turin= *lit.*
    6 pintes. 8,214
    Baril d'huile de Gênes =
      4 quarts. 64,66
    Rubbio d'huile de Nice =
      10 pintes. 7,8

ÉTATS-UNIS. — Poids et mesures d'Angleterre.

FRANCFORT-SUR-MEIN.

Poids. Livre forte=2 marcs. . 0,505 *kilog.*
    Marc=16 loths.
Livre légère (même div.). . . 0,467

Long. Aune. . . . . 0,5473 *mèt.*
Capac. Ohm=20 viertels. . *lit.*
    Viertel=4 maas. 143,4

HAMBOURG.

Poids. Livre (pfund)=2 marcs. 0,484 *kilog.*
    Marc=16 loths.
Long. Aune. . . . . 0,573 *mèt.*

Capac. Ohm=5 eimers. . . . . 144,7 *lit.*
    Eimer=20 viertels.
    Viertel=2 stubgen.

HOLLANDE. — Système métrique.

Poids. Pond=1 kilog.
Long. Auue (elne)=1 mètre.

Capac. *Grains.* Kop=1 litre.
    Liquides. Kan=1 litre.

LOMBARD-VÉNITIEN (royaume). — Système métrique.

Poids. Libra=1 kilog.
Long. Métro=1 mètre.

Capac. Pinta=1 litre.
    Coppo=1 décilitre.

NAPLES.

	kilog.			mèt.
Poids. Liv. de Naples=12 onc.	0,3207		Long. Canne=8 palmes. . . .	2,0961
Livre de Palerme.=12 onc.	0,3176		Palme=12 onces.	
Rottolo de 33 onces 1/3. .	0,891		Canne de Palerme=8 palm.	1,942

PORTUGAL.

	kilog.			mèt.
Poids. Arratel ou livre = 2			Long. Vara=5 palmes. . . .	1,0929
marcs.	0,4589			lit.
Marc=8 onces.			Capac. Almude=2 cantars. .	16,54
Once=otavas.			Cantar ou pot=6 canadas.	

PRUSSE.

	kilog.			mèt.
Poids. Livre=32 loths. . . .	0,4676		Long. Aune nouv. de Berlin.	0,6669
Loth=4 drachmes.	lit.		Aune de Cologne.	0,5752
Capac. Eimer=2 ankers. . .	68,69		Pied du Rhin=12 pouces. .	0,3138
Anker=30 viertels.			Pouce=12 lignes.	
Ohm=2 eimers.			Ligne=12 scrupules.	

RUSSIE.

	kilog.			mèt.
Poids. Livre=32 loths.. . . .	0,4093		Long. Archine (aune) =	
Loth=3 solotniks.			16 weschocks.	0,7115
Livre de Riga..	0,418		Capac. *Grains.* Tchetvert =	lit.
Livre de Revel.	0,4301		2 osmins.	209,72
			Osmin=2 pajacks.	
			Pajack=2 tchetvericks.	

SUÈDE.

	kilog.			mèt.
Poids. Livre victualié=2 mar.	0,4252		Long. Famn (toise)=6 pieds.	0,7814
Marc=16 loths.			Pied=12 pouces.	
Loth=4 gros.			Pouce=12 lignes.	
			Aune=2 pieds..	0,5937

SUISSE. — BALE.

	kilog.			mèt.
Poids. Livre=2 marcs. . . .	0,4895		Long. Aune..	1,1789
Marc=8 onces.			Brasse..	0,5444
Once=8 gros.			Capac. Saum=3 ohm.	lit.
Gros=72 grains.			Ohm=40 pots.	49,56

BERNE.

	kil.			mèt.
Poids. Livre=16 onces.. . . .	0,522		Long. Aune.	0,5425
Once=2 loths.				lit.
Loth=4 quintlins.			Capac. Mass.	1,671
			Se divise en 1/2, 1/4, 1/8.	

GENÈVE.

	kilog.			mèt.
Poids. Livre forte = 18 onces.	0,5507		Long. Aune..	1,1437
Once=24 deniers.			Capac. Char de vin=12 set.	lit.
Livre faible=15 onces. . .	0,4589		Setier=48 pots.	45,224

TOSCANE.

	kilog.		mèt.
Poids. Livre=12 onces.	0,3395	Long. Brasse=20 soldi.	0,5835
Once=24 denari.		Soldo=12 denari.	lit.
Denaro=24 grani.		Capac. Barile=20 fiaschi.	45,584

TURQUIE.

	kilog.		mèt.
Poids. Oke=400 drachmes.	1,283	Long. Pic, grand.	0,6991
Chéky=100 drachmes.	0,3207	Pic, petit.	0,6479

WURTEMBERG.

	kilog.		mèt.
Poids. Livre=32 loths.	0,467	Long. Pied (fusz)=10 pouces.	0,2865
Loth=4 quents.	lit.	Pouce (zoll)=10 lignes.	
Capac. Mass=4 schoppen.	1,837	Aune (elle).	0,6143

FIN DE L'ARITHMÉTIQUE.

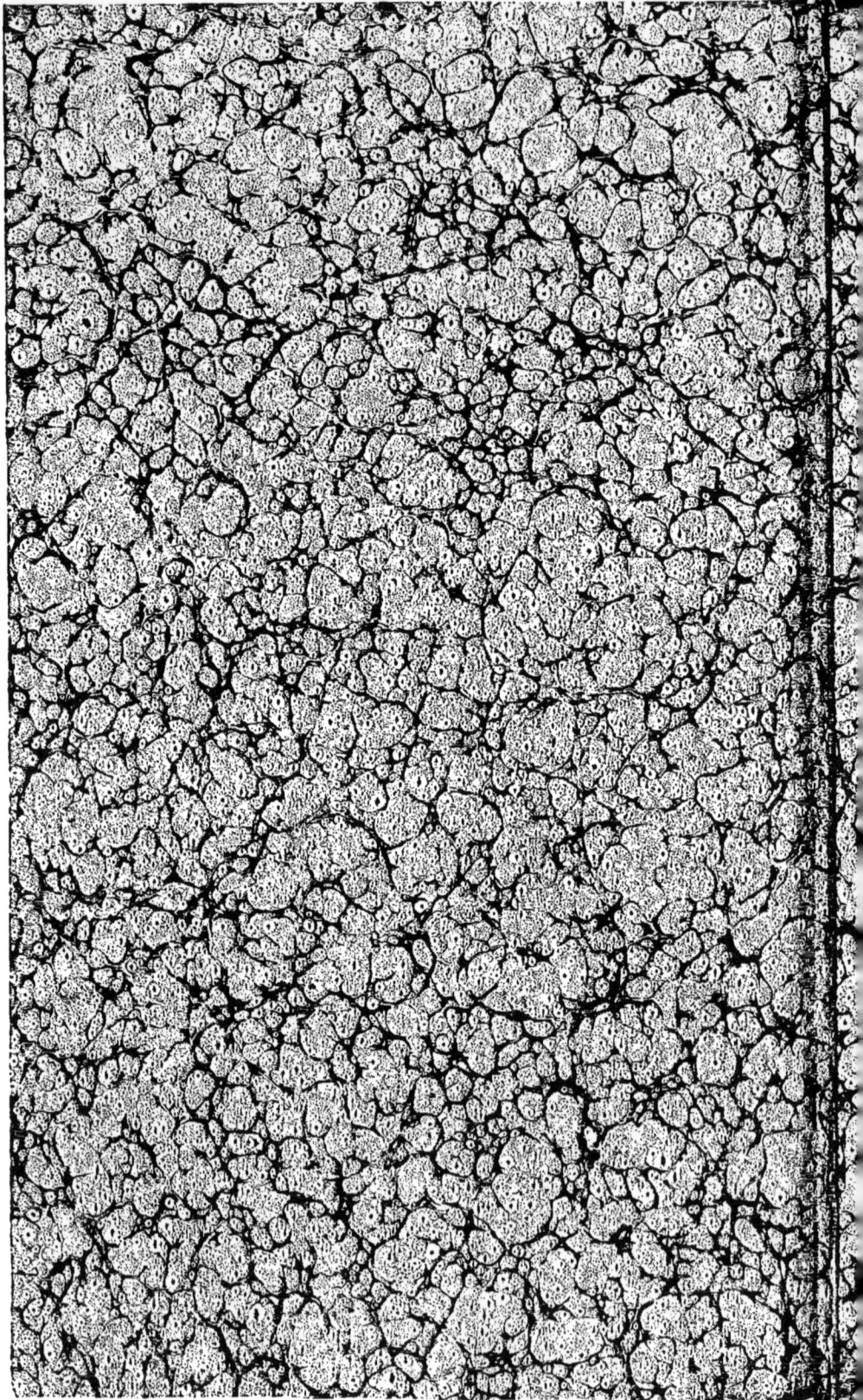

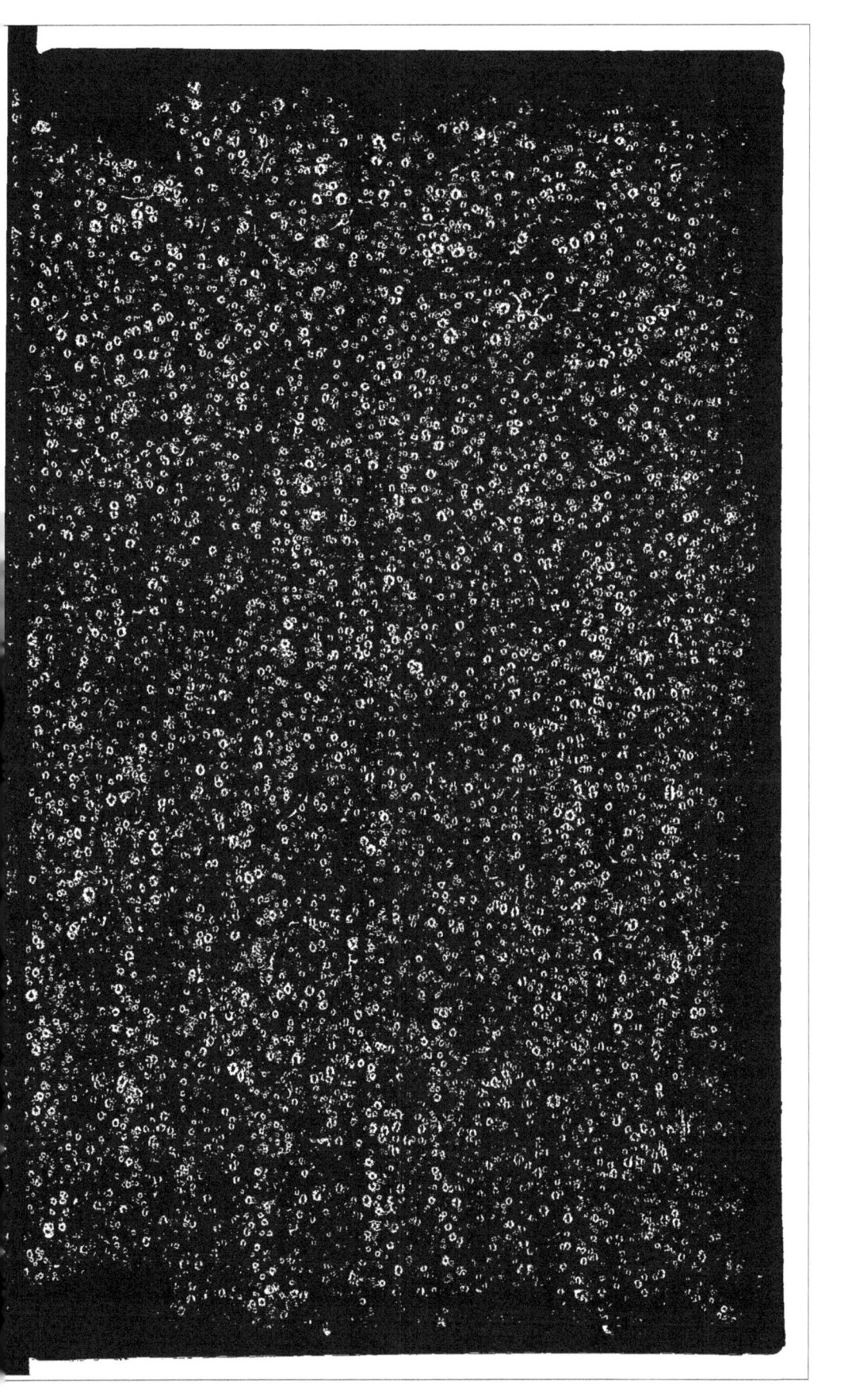